U0348468

多巴胺力量

程志良 著

机械工业出版社
CHINA MACHINE PRESS

如何让孩子自觉地学习？如何让员工热情地工作？如何让他人心甘情愿地追随？如何让自己积极、高效地做事？如何让顾客欲罢不能地购买……人们积极和持续的行为是被多巴胺塑造的，要想驱动人们积极和持续的行为就要掌握唤醒多巴胺的语言。本书分享了如何利用多巴胺塑造人们的7种能力，以及持续唤醒多巴胺的7种模式，作者还介绍了很多激活和利用多巴胺的方法。本书适合所有读者，对多巴胺感兴趣的人更适宜阅读这本书。本书将帮助读者深入了解多巴胺，令多巴胺的力量真正为我们所用。

图书在版编目（CIP）数据

多巴胺力量 / 程志良著. -- 北京：机械工业出版社，2025. 1. -- ISBN 978-7-111-77475-4

Ⅰ. B84-49

中国国家版本馆CIP数据核字第2025WV8607号

机械工业出版社（北京市百万庄大街22号　邮政编码100037）

策划编辑：戴思杨　　　　责任编辑：戴思杨

责任校对：樊钟英　陈　越　　责任印制：张　博

北京联兴盛业印刷股份有限公司印刷

2025年2月第1版第1次印刷

145mm×210mm · 7.25印张 · 3插页 · 112千字

标准书号：ISBN 978-7-111-77475-4

定价：69.00元

电话服务

客服电话：010-88361066

010-88379833

010-68326294

网络服务

机　工　官　网：www. cmpbook. com

机　工　官　博：weibo. com/cmp1952

金　　书　　网：www. golden-book. com

机工教育服务网：www. cmpedu. com

序　言

多巴胺，世界的“新宠”，你和我的“新宠”

多巴胺是一种神奇的存在。

10多年前，我便对它产生了深深的迷恋。我是国内较早从事多巴胺在商业领域应用研究的独立研究者。在国外，人们对多巴胺的追捧热度是比较高的。特别是高端群体对多巴胺更是情有独钟。在美国“没有一个地方像硅谷一样对多巴胺这么热衷”。美国的科技大佬、投资大佬、商业大佬都渴望能利用多巴胺，从而实现商业帝国的扩张。他们之所以看重多巴胺，而不是内啡肽、血清素、催产素、肾上腺素等其他神经递质，是因为他们看到了多巴胺隐含的商业价值和科技价值。多巴胺与快乐、欲望、期待的关联只是表面的。通过我对多巴胺进行的多年研究发现，多巴胺是驱动人们行为的核心驱动力，是塑造我们行为和能力的最重要的神经递质。我们的大部分能力都是多巴胺赋予的。随着我对多巴胺的深入研究，我越来越确定，多巴胺模式的深度应用将会给整个商业社会带来颠覆性变革，特别是在赋能传统商业领域和人工智能科技领域。多巴胺模式的深度应用正在改变人们与这个世界的连接模式。同时，多巴胺模式也正在改变人们创造自我价值的模式——我们的“手脚”会得到解放，在虚拟世界创造更多的自我价值。

在2017年，我出版了第一本关于多巴胺研究的著作《成瘾：如何设计让人上瘾的产品、品牌和观念》。2020年，关于“多巴胺经济学”的整个体系已经构建完成。多巴胺经济学的核心理论是“多巴胺自我强化理论”，核心模型是“多巴胺悖轮”。多巴胺经济学的内容包括12个多巴胺控点、12种多巴胺语言、4种空间管理、3种反馈管理、10种推进模式管理。我打算通过三本书将整个体系中比较重要的内容分享给大家。2024年我出版了该系列的第一本书《多巴胺商业》，主要和大家分享了多巴胺经济学的核心理论“多巴胺自我强化理论”，以及调控多巴胺的6个控点。《多巴胺力量》是该系列的第二本书，主要和大家分享多巴胺塑造积极行为的7种多巴胺语言和30个多巴胺句式，以及多巴胺语言塑造的7种能力。这7种能力在驱动着人们的积极行为。本书还分享了多巴胺塑造持续行为的7种多巴胺模式。这7种多巴胺模式让人们的积极行为变得可持续。人的行为问题归根到底不外乎两种，一种是不积极的行为问题，一种是不持续的行为问题，多巴胺力量“专治”各种不积极和不持续的行为。

在2022年，我与出版社的编辑策划出版这套书的时候，遇到了一个重要的问题，那就是国内大众对多巴胺的认识不够。所以，在这套书策划出版初期，我就在努力做一些科普工作，希望能够提升大众对多巴胺的认知。幸运的是，2023年，因为一个简单的“多巴胺穿搭”概念，多巴胺进入了大众的视野。这让多巴胺的概念快速被大众熟知。但是，当我对一些多巴胺理论进行研究后，发现大众对多巴胺的认知很多是片面的，甚至是偏激和错误的，比如“戒断多巴胺；穷人追求多巴胺，富人追求内啡肽……”。

多巴胺是我们每个人都具有的巨大宝藏，它能帮助我们超越各种局限，它让我们有无限可能，它驱动我们的积极行为，它塑造我们的各种能力……不但个人的成就离不开多巴胺，这个社会的进步也离不开多巴胺。大众对多巴胺认知的表面、片面，意味着我们在无意识中放弃了自己拥有的最宝贵的东西。这无异于是在阻止我们变得卓越。

大部分人活得很平凡，把自己的精力更多地消耗在了鸡毛蒜皮的小事上、自寻烦恼的恐惧上、三分钟热度的半途而废上，并没有高效利用自身拥有的多巴胺力量。这都是因为我们没有掌握利用多巴胺塑造自身行为的能力，不能让多巴胺的力量为我们所用。

大家需要让多巴胺力量“为我们所用”。机械工业出版社的策划编辑希望这本书能担负起更多的科普功能，让每个人都能借助多巴胺力量成就自我和他人。因此，我对《多巴胺力量》的内容做了大量调整，删除了大量商业案例，以及枯燥的多巴胺研究内容，多采用了一些日常生活中的案例。希望大家读完本书，一方面能看清自己没有能力、没有成就、没有效率的囧境是怎样形成的，另一方面能高效地利用多巴胺的力量成就自我和他人。

记住，在人生这场游戏中，每个人手中真正可用的“王牌”只有一张，那就是多巴胺。多巴胺是每个人生来就有的神奇力量，是它让我们突破人生的各种局限。

目　录

第一章

多巴胺塑造了 7 种能力

1. 多巴胺虚构了你和我的世界

100元和一个棒棒糖你选择哪个？

你一定会说："这还用问，每个人都会选择100元。"但是，如果你让幼儿园的小朋友们选择，你会发现，大部分孩子都会选择棒棒糖。100元和棒棒糖都是奖赏，为什么孩子会选择棒棒糖而不是钱，成人会选择钱而不是棒棒糖呢？其实，成人和孩子的决策差异是多巴胺强化和塑造的结果。在孩子的大脑中，棒棒糖被多巴胺强化过，甜滋滋的感觉被多巴胺标记为美好和重要。在成人的大脑中，多巴胺在不断强化钱的重要性，比如坐车要钱、吃饭要钱、房租要钱、结婚要钱等。钱在我们心中的价值和重要性是多巴胺不断强化的结果。

我们再来看一件更有意思的事情。赛车游戏中的虚拟金币对我们来说没有任何实质性的价值和意义。为什么玩家会把它看得那么重要呢？因为玩家的赛车每

“吃”到一个金币，车速就会变快，积分就会增加。车速变快和积分增加就是在对金币进行强化。赛车每次“吃”到金币玩家的大脑都会释放多巴胺，多巴胺是在强化金币的重要性。反过来，那些不玩游戏的人并不认为金币重要，因为他们的多巴胺没有对金币进行强化和定义。

如果棒棒糖、100 元和虚拟金币都是奖赏，那么我们每个人都应该喜欢才对，可为什么 100 元对孩子无效，金币对不玩游戏的人无效？我们的行为、喜好、追求是被多巴胺强化和塑造的结果。任何事物在没有被多巴胺强化之前，它们既不重要也无价值。奖赏是被多巴胺强化、定义、塑造的结果，是多巴胺告诉大脑它们多么重要和美好。没有所谓的奖赏，只有多巴胺。

多巴胺的核心功能是强化。在回答“什么是强化”之前，我们先要知道，大脑“为什么要强化”。正因为不重要、没关系、不确定，所以才强化。钱只是一张纸，它本身并不重要。我们觉得钱重要，正是大脑不断强化的结果。钱通过与我们的生存、幸福、前途变得相关，才变得重要。这也是“谎言重复一百次就会成为真理”的原因。其实不用一百遍，只要有两三个人同时撒谎，你就会认为他们说的是真的。

什么是强化呢？强化就是增强、加强、强调。从生物的角度来看，强化就是大脑通过释放多巴胺，来促进和增强神经细胞之间的连接。从认知和思维的角度来看，强化就是增强事物与事物、事物与自我之间的关联。比如赛车“吃”到金币，速度就会变快，积分会变多，这就是在金币加快车速和增加积分之间建立关联，同时车速变快会让你感觉自己变厉害了。从感觉和感受的角度来看，强化就是提升我们对事物的感受，比如吃棒棒糖时身体会释放多巴胺，我们会感受到更加强烈的愉悦感和幸福感。从行为的角度来看，强化促进了我们与事物的积极互动，比如想要做、想要看、想要拥有等。强化将本不相关的事物，通过认知、感觉、行为紧密的关联在一起；强化将本不相关的事物变得相关，将本不重要的事物变得重要。虚拟金币、棒棒糖、100 元与我们本不相关，是多巴胺的强化让它们与我们紧密相关了，是多巴胺的强化告诉我们，它们多重要、多美好、有价值、有意义。强化就是让普通的事物变得确定、重要、美好、有价值和有意义的过程。强化就像一个老师在为我们敲黑板、圈重点、做标记。

强化本质上是在强化某种关联和连接——强化事物与事物的关联，强化事物与自我的关联。正是这种关联和连接将事物与事物、事物与自我联系在一起（见图1-1）。

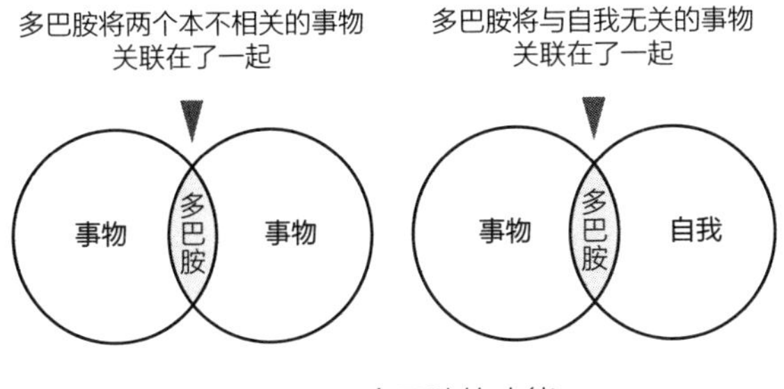

图1-1　多巴胺的功能

人与外在事物没有硬性的连接，不像我们的耳朵长在头上，揪耳朵时我们会感到痛。我们与手机、房子、棒棒糖、游戏币等一切“我的”东西都是通过一种不可见的方式连接起来的。这种无形的连接是靠大脑对其的意志、信念、执念与我们连接在一起的。我们对人、事、物产生的意志、信念、执念就是这种无形的连接。我们与外在事物的连接一旦形成，它们就成了我们的一部分。我们失去它们的时候就像失去自己身体的一部分一样痛。就好比你的手机摔碎了，你会心痛；你的游戏币被盗了，你会愤怒……因为它们成了你的一部分。所以，我们是看重100元、棒棒糖还是虚拟金币，要看什么与自我建立了连接。这种连接的建立是多巴胺强化和塑造的结果。

我们可以将多巴胺的强化功能理解为胶水，每一次多巴胺的释放都是在事物与事物或事物与自我之间涂上一层胶水，将彼此牢牢地粘在了一起。多巴胺是连接剂、强化剂和黏合剂。社会是个强化机器，我们作为社会中的人，都是社会强化的结果。

记住，我们是不知道什么重要、什么有价值的。我们也不知道该追求什么，该往哪里去，是多巴胺告诉我们什么重要，该追求什么。多巴胺不但通过强化塑造我们的大脑锁定目标的能力，同时也在围绕目标的各种状态进行强化，塑造我们的其他能力。书中阐述的 7 种能力（见图 1–2），主要是围绕人们实现目标、追求目标需要具备的能力。当然了，多巴胺参与塑造的并不仅仅只有这 7 种能力，其中还包括我们的社会能力，比如共情的能力、模仿的能力、沟通的能力、利他的能力等。

那么，多巴胺强化目标的时候，我们的认知和思维会如何？我们的感觉和感受是什么？我们的行为会怎样？当我们破解了多巴胺在强化目标时我们认知、感觉、行为的状态，就破解了多巴胺强化目标的语言。多巴胺就

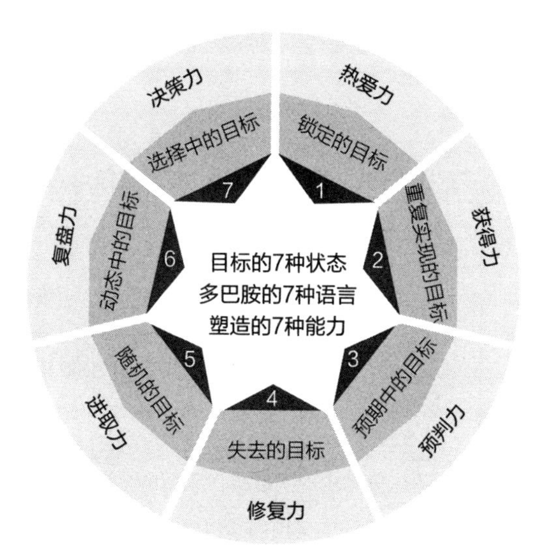

图 1-2　多巴胺塑造的 7 种能力

是运用这样的语言，对目标进行强化，驱动我们的积极行为。当我们掌握了多巴胺强化目标的语言，我们就可以随时随地运用这种语言来唤醒多巴胺，驱动我们的积极行为。

如果没有掌握唤醒多巴胺的语言，我们就不是大脑的主人，大脑才是我们的主人。如果多巴胺的力量不能为我所用，我们就只能任由大脑使唤，无力地消耗自己的生命。接下来，我们来看看多巴胺用什么样的语言塑造了我们的 7 种能力（见表 1-1）。我们又该如何高效地运用多巴胺语言来驱动我们的积极行为。

表1-1　7种多巴胺语言

<table>
<tr><th>多巴胺句式分类</th><th>多巴胺语言</th><th>多巴胺塑造的能力</th></tr>
<tr><td colspan="3">1. 多巴胺强化锁定的目标，采用的多巴胺语言</td></tr>
<tr><td>认知句式</td><td>1. 感觉不错，不一样，与众不同；
2. 既美好又可能</td><td rowspan="3">热爱力
热爱沉迷的能力</td></tr>
<tr><td>感觉句式</td><td>1. 差异感 + 惊喜感 + 愉悦感；
2. 重要感 + 目标感 + 方向感</td></tr>
<tr><td>行为句式</td><td>1. 正向反馈；
2. 直接聚焦</td></tr>
<tr><td colspan="3">2. 多巴胺强化重复实现的目标，采用的多巴胺语言</td></tr>
<tr><td colspan="2">多巴胺强化不确定的目标，采用的多巴胺语言</td><td rowspan="8">获得力
重复获取的能力</td></tr>
<tr><td>认知句式</td><td>不确定，再来一次；感觉不错，再来一次</td></tr>
<tr><td>感觉句式</td><td>不满足感 + 不确定感 + 好奇感</td></tr>
<tr><td>行为句式</td><td>确定式重复</td></tr>
<tr><td colspan="2">多巴胺强化确定的目标，采用的多巴胺语言</td></tr>
<tr><td>认知句式</td><td>既确定又绝对</td></tr>
<tr><td>感觉句式</td><td>掌控感 + 确定感 + 信任感</td></tr>
<tr><td>行为句式</td><td>机械地重复</td></tr>
<tr><td colspan="3">3. 多巴胺强化预期中的目标，采用的多巴胺语言</td></tr>
<tr><td>认知句式</td><td>如果怎样，将会怎样；只要怎样，就会怎样</td><td rowspan="3">预判力
预知未来的能力</td></tr>
<tr><td>感觉句式</td><td>期待感 + 渴望感 + 兴奋感</td></tr>
<tr><td>行为句式</td><td>积极地准备；迎接未来</td></tr>
</table>

（续）

多巴胺句式分类	多巴胺语言	多巴胺塑造的能力
4. 多巴胺强化失去的目标，采用的多巴胺语言		
多巴胺强化可能失去的目标，采用的多巴胺语言		修复力 规避风险的能力
认知句式	可能错过，可能失去	
感觉句式	紧迫感 + 危机感 + 恐慌感	
行为句式	更加积极，冲动行为	
多巴胺强化失去的目标，采用的多巴胺语言		
认知句式	怎么了！没用了！没有了！	
感觉句式	失控感 + 挫败感 + 失去感	
行为句式	盲目的补偿行为	
5. 多巴胺强化随机的目标，采用的多巴胺语言		
认知句式	更进一步，下次一定	进取力 无回报进取的能力
感觉句式	累计感 + 进步感 + 咫尺感	
行为句式	排除式的重复，累计式的重复	
6. 多巴胺强化动态中的目标，采用的多巴胺语言		
认知句式	就差一点，再来一次	复盘力 复盘纠错的能力
感觉句式	咫尺感 + 兴奋感 + 迫切感	
行为句式	积极复盘，有目的地尝试	
7. 多巴胺强化选择中的目标，采用的多巴胺语言		
认知句式	是……还是……	决策力 选择和决策的能力
感觉句式	自主感 + 掌控感 + 支配感	
行为句式	有目的地积极选择	

2. 多巴胺塑造的第一种能力：热爱沉迷的能力

多巴胺塑造的第一种能力是锁定目标的能力，也就是让我们爱上和沉迷的能力。我们喜欢什么、看重什么、痴迷什么、追求什么都是多巴胺塑造的。那么，多巴胺是怎么做到的呢？

我在《多巴胺商业》一书中讲到了剑桥大学神经心理学家沃尔弗拉姆·舒尔茨教授的研究。我之所以分享这项研究，是因为这项研究从多个层面比较直观和全面地展现了多巴胺的强化机制。在舒尔茨教授之后的很多神经学家也重复验证了他的研究发现，只是那些神经学家的研究不像舒尔茨教授的研究这样全面和系统。舒尔茨教授训练猴子观看电脑屏幕上红、绿、蓝三盏灯。他通过不同灯的点亮控制猴子身旁的一根管子是否流出果汁。与此同时，他会观察猴子大脑中多巴胺的反应情况。

在所有灯都没有亮的情况下，管子中会流出果汁，猴子会喝到果汁。当猴子从管子中喝到果汁时，研究人员发现猴子的大脑释放了大量的多巴胺。让猴子从管子中喝到果汁这个环节非常重要，没有这个环节，接下来的研究便无法继续。当猴子喝到果汁时多巴胺释放，是多巴胺在对酸甜可口的果汁进行强化——让猴子与果汁建立连接——将果汁定义为目标和奖赏。多巴胺好像在说："这种酸酸甜甜的味道不错，记住这个味道。"没有多巴胺对果汁的定义和强化，果汁对猴子来说既不重要也不特别，更不会成为奖赏。多巴胺将果汁定义为奖赏才使得果汁成了大脑追踪的目标。

知识点

大脑在处理信息时的第一个环节是情感识别。实验心理学的奠基人威廉·冯特指出，大脑处理信息采取"情感优先"的原则。情感指的是正面或负面感觉的细微闪念。这样的感觉促使人们做出接近或者回避某些事物的行为。冯特认为，人们在第一时间注意到事物的这种细微情感反应，让人们对事物产生了好或坏的感觉——好感或反感。这种情感反应大多数是微妙的、短暂的、模糊的。在我们没有意识到它的时候，就已经影响了我们的行为。情感识别，识别的是喜不喜欢、好不好、美不美等信息。大脑只有从信息中识别出情感才会唤醒多巴胺的强化。情感是多巴胺强化的首要依据。

研究人员先让猴子喝到果汁，是通过果汁对猴子的感官刺激来启动猴子对果汁的情感识别——好不好喝。果汁酸甜的口感唤醒了多巴胺，将其锁定为目标，从而驱动大脑亲近和重复的行为。好吃、好看、好喝、好闻的事物会得到多巴胺的强化，而大脑会直接忽视无感的信息。情感越是鲜明越能高效启动多巴胺的强化。

很多人看过《中国好声音》。导师背对着歌手，当歌手开始唱歌的时候，导师们的大脑就开始对歌手的歌声进行情感识别，当大脑识别到正面的情感信息时，他们就会“啪”地按下按钮，为歌手转身。这个过程就是多巴胺锁定目标的过程。好听的歌声会激活多巴胺，为人脑锁定歌手；锁定的目标会触发大脑的积极行为——按下按钮，为歌手转身。我在《锁脑》中分享了大脑进行信息识别的三个层面：情感层面，逻辑层面，自我层面。其中大脑对情感的识别是最基础的。一旦大脑从中识别到正向的情感，大脑就会“咔”地锁上，让大脑锁定目标，从而触发我们的积极行为。这里我们明白了一点，确定是触发一切行为的前提条件，不确定是不会驱动行为的。驱动大脑的任何不确定中，都有确定的成分。比如，买彩票不确定能不能中，但是大脑确定有中奖的可能，而不是完全不确定。

人们行为不积极的第一个原因就是认为事情不重要，认为事情不重要是因为大脑没有从信息中找到确定的情感和好处。所以要想让人们的行为变得积极，就要让大脑从信息中找到确定的情感和好处。

多巴胺语言

当多巴胺锁定目标时，我们的认知、感受、行为会怎样？反过来看，用什么样的多巴胺语言，大脑才会锁定目标呢（见表1-2）？

表1-2　多巴胺强化锁定的目标，采用的多巴胺语言

认知句式	1. 感觉不错、不一样、与众不同； 2. 既美好又可能
感觉句式	1. 差异感 + 惊喜感 + 愉悦感； 2. 重要感 + 目标感 + 方向感
行为句式	1. 正向反馈； 2. 直接聚焦

多巴胺认知句式

多巴胺锁定目标时，强化目标采用的第一种多巴胺认知句式是“感觉不错、不一样、与众不同”。这里的“感觉不错”是相对于其他事物而言的，也是在强调目标的与众不同。多巴胺锁定目标时好像在对大脑说：“这个

东西不一样；这个味道不错；这个颜色很好看；这个手感很舒服……记住它。”多巴胺锁定目标最基本的，也是最重要的句式是“感觉不错、不一样、与众不同”。因为多巴胺强化的目的就是强调目标与其他事物的差异。那些能带给大脑不一样的认知和体验的事物会唤醒多巴胺，得到多巴胺的强化。我们要想让多巴胺锁定一个目标，首先要从认知上强调目标的与众不同。这就好比你想让一个产品脱颖而出，要做的第一件事情就是告诉消费者，它与其他产品的不同之处是什么。不然，人们为什么要选择它呢？因此，产品才有了功能差异、工艺差异、包装差异、价格差异、受众差异……总之，差异是被大脑锁定的前提条件。

多巴胺锁定目标时，采用的第二种多巴胺认知句式是“既美好又可能”。我们喜欢什么、做什么、购买什么，都是被“既美好又可能”的多巴胺认知句式强化的结果。多巴胺被目标所带的情感唤醒后，会对目标进一步渲染。多巴胺对目标进行渲染的原则是“好的想得更好，坏的想得更坏”。

一项研究发现，大脑在想象和构建未来事件时，多巴胺的激活会让大脑“高估”从这些事件中获得的快感和价值。也就是当我们从目标中获得情感的瞬间多巴胺会被唤醒，从那一刻起我们对目标的感觉就不真实了，因为这种感觉是被多巴胺渲染过的。另外一项研究发现，当一个人大脑中充斥着多巴胺，心情愉悦地逛商场时，会购买更多的东西。这就是为什么多巴胺的存在让我们看到任何东西都感觉美好，都有价值。多巴胺的存在会让大脑感知到更多的可能性。如果一个人大脑中多巴胺水平较低，心情低落地逛商场时，那他会感觉什么都没有用，什么都不需要。

如果我们想让大脑锁定一个目标，就要主动采用“与众不同+既美好又可能”的认知句式来唤醒多巴胺对目标的强化。你想要将一件衣服卖出去，首先，要让顾客认识到它区别于货架上的其他产品和自己衣柜里的其他衣服。其次，要让顾客认识到穿着它会发生什么样的美好变化，比如会让自己看上去很高贵、很有气质等。再次，要让顾客强化这种差异并确信美好的存在和发生的确定性。这就要强调“不一样、与众不同”，强调“美好、价值和意义”，强调前两者存在的确定性。差异、美好、确定性是让大脑锁定一个目标的核心要素。当一个目标能够同时具备这三要素的时候，多巴胺就会咬住不放。所以，商家所有的营销、广告、种草内容都应采用“与众不同＋既美好又可能”的多巴胺认知句式，来唤醒人们的多巴胺，触发人们对品牌的渴望。

多巴胺感觉句式

多巴胺锁定目标的第一种感觉句式是“差异感＋惊喜感＋愉悦感”。初次得到多巴胺强化的目标，会使我们体验到意外、惊喜和愉悦。我们要想让大脑锁定目标，可以直接给大脑制造惊喜。比如，周末你在北京三里屯逛街的时候，偶然遇到一个帅气的小哥哥来要你的微信。这会让你既惊喜又意外。这样的惊喜会强化逛街的行为—— 一到周末，你就会非常渴望去三里屯逛街——渴望重复体验那种既惊喜又意外的感觉。同样的，如果有一天上班的时候，你忽然发现老板站在公司门口，给早到的前 10 名员工发红包。你拿到红包时会感到惊喜和意外。这种惊喜和意外会塑造你的行为，提升你上班早到的积极性。

现如今，人们前赴后继地做短视频，但是大部分博主的流量都很惨淡。这其中驱动他们持续拍视频的最重要因素就是意外和惊喜。所有教你做短视频的人，都会给你讲一个意外、惊喜的案例。某某达人刚开始发短视频时流量也非常惨淡，很多时候播放量只有一两百。可是有一天，一条短视频有了几十万播放量，这个账户一下子就火了。听完这样的案例，即便你所发的视频没什么流量，你也会坚持发，因为你渴望遇到惊喜。短视频的平台不可能让每个博主都获得充足的流量，所以只能采用一种有效的激励机制来驱动更多人积极地参与短视频的创作。这个机制就是随机给一些博主的视频大量的流量，借助惊喜塑造和强化人们对短视频创作的积极性。让每个博主都感觉总有一天惊喜会出现在自己身上。这是在采用“差异感＋惊喜感＋愉悦感”的多巴胺感觉句式塑造和强化人们的行为。

多巴胺锁定目标的第二种感觉句式是“重要感＋目标感＋方向感”。锁定目标时大脑除了体验到惊喜感和愉悦感，还会体验到重要感、目标感。同样的，让事物变得重要也能唤醒多巴胺对事物的强化，因为多巴胺强化的目的之一就是让事物变得重要。所以，当我们想让大脑锁定一个目标的时候，可以直接让大脑感到重要。就比如你对同事说“今天下午开会要用到这个 PPT”，这个 PPT 马上就会在同事心中变得重要。这时大脑就会释放大量的多巴胺，来驱动他积极地完成PPT任务。这就是直接让大脑感到重要，来唤醒多巴胺锁定目标。

还有一种方式能让大脑感到重要，就是将其与重要的事物关联在一起。不同的人看重不同的事物，就像幼儿看重棒棒糖，玩游戏的人看重游戏币……当我们将一个普通的东西与人们看重的东西关联在一起的时候，这个普通的东西马上就会变得重要。比如女生可能看重自己白不白、瘦不瘦，当你告诉她们穿黑色衣服显白、显高的时候，黑色马上就会变得重要，接下来她们就会痴迷黑色，把自己大部分的衣服换成黑色。这就是将黑色与她们看重的东西关联在一起触发的重要感。

多巴胺行为句式

第一种锁定目标的多巴胺行为句式是“正向反馈”。多巴胺锁定目标，说明行为有效。比如吃的行为能让大脑收到酸甜可口的感官反馈，这样的行为才能得到多巴胺的强化。如果吃的行为收到的是寡淡无味的反馈，那么，多巴胺就对这个行为不感兴趣。

要想让大脑锁定一个目标，先要对人们的行为给予正面的反馈。比如玩切西瓜的游戏时，刀切中西瓜的瞬间会产生西瓜汁溅满屏的效果。这样的正向反馈会唤醒多巴胺对切西瓜行为的强化。这是玩家沉浸于玩这款游戏的重要原因。如果切西瓜的行为没有效果，便不会得到多巴胺的强化。这种效果化的正向反馈本身具有强化功能——让大脑体验到力量感和超越感。记住一点，多巴胺不会强化无效的行为。

第二种锁定目标的多巴胺行为句式是“直接聚焦”。多巴胺锁定目标时，大脑的注意力会高度聚焦和专注在目标上。研究发现，注意力与多巴胺有直接的关联。当大脑中充斥着多巴胺的时候，注意力会高度集中。多巴胺通过让大脑聚焦目标，让目标从背景中分离出来，突显目标，让目标变得重要和有价值。

我们要想瞬间唤醒多巴胺对目标的强化，就要直接让目标成为大脑的焦点。简单理解就是直接“怼”到它面前。比如你让孩子写作业的时候，不要问他什么时候开始写作业。而是直接把作业放在孩子面前，直接给他一个聚点。能让大脑聚焦的事物就能唤醒多巴胺的强化。

抖音推出了一种功能，使我们可以在两种界面中自由选择。你认为下面两个界面哪个更吸引人（见图 1-3）？一定是第一种。因为它符合多巴胺锁定目标的行为句式——直接聚焦。直接让大脑聚焦单一的信息会提升信息的价值，价值是聚焦的结果。而多项选择反而会降低每条信息的价值，多项选择会让大脑感觉每条信息都不怎么值得看。聚焦单一的目标更能唤醒多巴胺的强化，这就是抖音推送单一的信息，人们会越刷越起劲的根本原因。

图 1-3　单一信息和多条信息的选择界面

3. 多巴胺塑造的第二种能力：重复获取的能力

大脑锁定目标后，会进一步掌握持续锁定目标的方法。多巴胺会试图通过重复获取来与目标建立稳定而确定的连接。

在舒尔茨教授的研究中，当红灯闪烁 2 秒后，让猴子从管子中喝到果汁。猴子连续几次喝到果汁时，大脑都会释放多巴胺。但是，当多巴胺对重复喝到果汁产生几次反应后，猴子再次喝到果汁时多巴胺居然停止了反应。

起初，猴子连续几次喝到果汁，多巴胺都有反应，这是因为猴子对偶然从管子中喝到果汁的行为不确定。它非常渴望确定果汁和管子之间的连接是存在的，自己能够一直从管子中喝到果汁。这时多巴胺的重复反应驱动着猴子去确定管子与果汁之间确实存在关联。多巴胺的重复反应就好像在管子和果汁之间涂上一层胶水，将两者联系在一起。喝到果汁时多巴胺产生反应，就好像在说："哦！这是真的吗？"这样的句式中有不确定和质疑的成分。

猴子多次喝到果汁后多巴胺暂停了反应，因为多巴胺通过反复强化确定了管子与果汁存在稳定的关联。猴子喝到果汁，多巴胺不再有反应，多巴胺好像在说："确实能喝到果汁。"多巴胺通过反复强化将管子与果汁的连接固化了。固化连接能让大脑确定和坚信事物之间存在某种稳定的关联。在多巴胺锁定目标的初期，多巴胺只是选中了目标，并没有掌握持续锁定目标的方法。多巴胺与目标建立固化连接才是大脑掌握持续锁定目标的方法。固化连接是目标驱动人们产生持续积极行为的触发器。比如猴子想到果汁就会想到管子，这种确定的关联会触发大脑中的多巴胺，驱动猴子想喝果汁就找管子。因为猴子坚信可以通过管子喝到果汁，它的坚信和确定就是触发多巴胺的触发因子。记住一点，任何积极的行为都是由确定的因素驱动的。

知识点

大脑渴望从混乱无序的信息中找到秩序和模式，来提升对事物的掌控感。大脑一旦锁定目标就会产生对目标进一步掌控的执念——确定与目标存在**直接关联**的信息，试图掌握重复获得和重复实现目标的方法和模式。这时大脑对信息识别的第二个环节就是关联识别和模式识别——确定与目标存在直接关联的因素。所以，人们行为不积极的第二个原因就是没有锁定目标，一旦大脑锁定目标，就会产生确定的意志。

大脑重复获得的能力有两种状态，一种状态是由不确定的因素驱动的重复获得行为。就比如猴子不确定管子中是否会流出果汁，试图重复喝到果汁的行为。这个阶段的重复获得需要多巴胺来不断强化，目的是确定果汁的出现不是偶然现象。另一种状态是通过多巴胺的不断强化，确定与目标相关的因素稳定不变，形成模式化反应。这个阶段重复获得是习惯性的、模式化的。就比如猴子想喝果汁直奔管子即可。

如果我们不能学会通过某种方式重复获得自己需要的东西，我们将无法生存。那就意味着我们每天都需要重新开始生活。你想要吃到自己想要吃的食物，需要跑遍社区的所有超市去找，而不是直奔某家有这种食物的超市。多巴胺会对与目标存在直接关联的因素进行强化，这是在塑造我们重复、精准、直接获得的能力。

模式化反应是多巴胺塑造大脑行为的终极目标。这是为了节省大脑资源，避免每次都需要对所面对的事物进行有意识的反应。模式化反应不再需要意识和理性的参与就会对目标做出反应，这种状态也叫作“无脑反应”。这样一来，大脑只需要对意料之外的陌生信息进行处理就可以了，不再需要处理每条进入大脑的信息。所以，多巴胺塑造了我们的无意识行为。

我们来做个小测试，你就明白什么是无脑反应了。你知道在手机上要打出双引号需要几步吗？大部分人都说不出来。但是，让你在手机上输入双引号，每个人都能做到。很多事情我们会做，但是并不知道自己是怎么做到的，这就是无脑反应。

多巴胺语言

我们先来看看，大脑在锁定目标后，多巴胺在强化不确定的因素时采用了什么样的多巴胺语言（见表1–3）。

表1–3 多巴胺强化不确定的目标，采用的多巴胺语言

认知句式	不确定，再来一次；感觉不错，再来一次
感觉句式	不满足感 + 不确定感 + 好奇感
行为句式	确定式重复

多巴胺认知句式

锁定目标后，当多巴胺进一步对目标进行强化时，采用的多巴胺认知语言是“不确定，再来一次；感觉不错，再来一次”。在多巴胺锁定目标后，只要大脑对与目标存在直接关联的因素还不确定，对目标带来的感觉还

不满足，多巴胺就会持续对目标进行强化，从而驱动人们做出重复行为。

你在菜市场买樱桃时，尝了一个感觉不甜。你对老板说：“怎么不甜？”老板说：“你吃的那个也许没熟透，你再尝一个。”你又尝了一个，结果还是不甜。老板说：“你选红的。”你又尝了一个，还是不甜。老板选了一个软一点的让你尝。你尝完后说：“这个有点甜。”你这才决定要购买。你重复品尝的过程就是在确定这个樱桃是甜的。而老板引导你重复尝试的过程，就是要让你获得确定感。大脑对目标存疑时，会通过重复行为来对不确定因素进行确定。

你会发现，一个卖衣服的直播间有好几千人，主播喊破嗓子，就是没几个人下单。但是会有人不停地问“有 ×× 号吗？会掉色吗？可以退吗……”这个时候我们要意识到，人们之所以不停地问各种问题，就是因为对这件衣服有各种不确定的问题，试图通过反复询问来解决不确定的问题。但是主播一个人，不可能看见所有的问题，不可能一一回答每个人的问题。这个时候，主播该怎么做呢？主播要主动为人们明确这些不确定的因素。所以，你会发现很多主播会在直播间重复一句话：“你放心下单，不合适、不喜欢、不想要了，随时退货，我们会无理由给你退换货。”这句话会打消人们的大部分顾虑。当人们不积极的时候，我们首先要意识到可能是人们对一些与目标关联的因素不确定，只有主动解决这个问题，才会触发人们的积极行为。我曾经说过，推动网购快速发展有三大政策“功不可没”——7日无理由退换货、运费险、差价返还。这都是在主动解决消费者心中那个不确定的问题，驱动积极行为。

驱动人们重复行为的一个原因是大脑要一个确定的结果。我们要知道大脑要的是什么结果。我们主动让这个确定的结果“落地”。

多巴胺感觉句式

锁定目标后，大脑体验到的是“不满足感+不确定感+好奇感”。正是这种感受在唤醒多巴胺对目标的重复强化。比如你在拼多多花很少的钱买了一盒名牌化妆品，你发现还很好用。但是，你非常怀疑以这个价格能否重复买到该产品。你会为了确定这个价格能重复买到该产品而再买一次。

那么，我们该如何利用这种多巴胺感觉语言，让多巴胺持续强化一个目标呢？其中一个方式就是限制大脑对确定和满足的意志。在拍短视频时，如果善于运用这种多巴胺感觉句式，就能够持续地吸引用户的注意力，提升视频的完播率。比如很多博主都很善于用套路。例如，“减肥最有效的 4 个方法，最后一个最有效；夏天防晒的 5 个误区，最后一条最可怕”。看到这样的视频内容，你知道这是套路，但你还是想要看到最后一条。这就是在运用不确定感和好奇心来持续触发多巴胺对视频内容的强化，直到看完整段视频。还比如，有的短视频一上来就直接拍摄物体局部的大特写，让你根本看不出这是什么东西。就像下面这样的画面（见图 1-4），你一开始不知道视频中的人在做什么，直到最后看到全貌，你才知道原来是在用石头做工艺品。

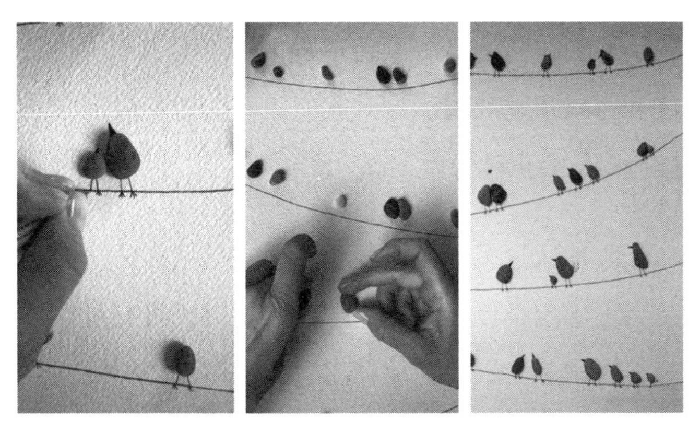

图 1-4　做石头工艺品的视频画面

多巴胺行为句式

在目标不确定的情况下，多巴胺强化目标采用的多巴胺行为句式是“确定式重复”，也就是大脑想要通过重复来确定一些不确定因素。

我女儿上小学二年级，一天放学迫不及待地从口袋里拿出两块糖果，兴奋地说：“这是今天听写得到的奖励。答对一次就可以获得一块糖果，我两次都对了，所以得了两块糖果。这是开学以来老师第一次给我的惊喜。以前答对都没给奖励。”自从这件事情发生后，她为了每次听写都能得到奖励，总是会反复让妈妈给她听写。她试图通过反复地听写，确保下次依旧能获得奖励。重复练习听写的行为，就是在强化“得到奖励”那个不确定因素。我们一旦通过某种途径获得好处，接下来，大脑就会驱动我们去排除那些获得过程中的不确定因素，以确保好处可以重复获得。这时我们就可以借助大脑的意志来塑造人们的积极行为。

有两种通过多巴胺来强化不确定的目标的方法。一种是当不确定抑制了人们的积极行为时，我们可以通过主动提升确定性，从而驱动人们做出积极的行为。比如前面说到的直播间的粉丝不积极下单，这时就可以主动让不确定的因素变得确定，来触发人们的积极购买行为。另一种用法就是借助不确定因素持续引导人们做出积极的行为。比如前面提到的拍短视频的博主，运用拍摄技巧，让人们无法确定博主拍的是什么，从而持续吸引人们的注意力。

多巴胺语言

我们再来看看，当大脑与目标的连接确定后，多巴胺会采用什么样的多巴胺语言来强化目标（见表 1–4）。

表1–4　多巴胺强化确定的目标，采用的多巴胺语言

认知句式	既确定又绝对
感觉句式	掌控感 + 确定感 + 信任感
行为句式	机械地重复

多巴胺认知句式

当大脑确定目标后，会启动“既确定又绝对”这样的多巴胺认知句式对目标进行强化。这样的句式是在向大脑强化目标是以某种确定状态存在的，从而触发人们的积极行为。驱动人们的积极行为需要大脑与目标建立三种确定模式，第一种就是确定的认知模式。“既确定又

绝对”就是在让大脑对目标产生确定的认知模式。

大脑必须从信息中获得确定的信息才会触发行为。所以，我们要想驱动他人的积极行为，要会运用“既确定又绝对”的多巴胺认知句式。大佬们就很善于运用这样的认知语言来激励他人。马云在演讲中说过：“我没有比同龄人更厉害的地方，唯一不同的是我乐观，我会找乐子。创业要心存理想，假如你看到社会积极正面的一面，那么你看到的就是永远乐观的一面。让自己保持积极乐观，你才会成功。”这段话在成功与积极乐观的心态之间建立了关联，让我们感觉只要保持积极乐观的心态就能成功。因此，这段话才对我们有激励作用。

很多时候，说什么并不重要，重要的是怎么说、谁在说。首先，怎么说，说的方式要符合多巴胺驱动行为的强化模式。就比如马云那段话传达的是成功与积极乐观的心态这两者之间的关联。这样的信息越确定、越绝对，人们越会愿意相信。其次，谁在说，说话的人的分量也是多巴胺的触发器。因为权威和精英的身份和形象会唤醒多巴胺，得到多巴胺的偏爱。这种身份能够提升信息的确定性和绝对性。就好比上面那段话，普通人说与马云说，这两者的影响力是截然不同的。要想影响他人，表达方式就要遵循多巴胺的强化模式。

我们要想做到传达的信息“既确定又绝对”，有两个重要的原则，一个是信息中包含的随机因素越少，越有说服力。如果马云告诉我们:“我也不知道为什么，稀里糊涂就拿到了几千万元投资；我也不知道为什么，阿里就上市了……”这种信息中的随机因素太多，听了等于没听。另外一个就是干扰因素越少，越有说服力。你可以做一个测试，如果你在听一首非常好听的音乐时，再播放另一首音乐，你瞬间就感觉那首动听的歌曲不好听了。这就是干扰的结果。同样的道理，如果你在看短视频的时候，评论区的人一致认为视频表达的观点是对的，那么你也容易接受视频表达的观点。如果评论区的人对视频表达的观点有赞同，也有反驳，那么你对它的接受程度就会降低。这是因为干扰让你无法对视频的内容建立确定的关联。

多巴胺强化的目的是确定，大脑对一件事情越是确定和坚信就越是能驱动积极的行为。大脑坚信一个目标能够给自己带来好处和美好的时候，才会驱动人们的积极行为。我们要想驱动人们持续做出积极的行为，就要从认知上提升人们对目标的确定性。确定和坚信是多巴胺的触发器。

多巴胺感觉句式

大脑与目标的连接确定后，多巴胺会采用“掌控感 + 确定感 + 信任感”的感觉句式对目标进行强化。这种多巴胺感觉句式在打造品牌和产品时一定会用到，如果不用这种多巴胺强化语言打造品牌，品牌便无法形成。我在《多巴胺商业》中和大家分享了无脑反应在商业中的应用，无脑反应就是借助掌控感、确定感和信任感来触发大脑的模式化行为反应。无脑反应中没有理性的参与。商家采用各种营销手段就是要让大脑对品牌产生固化的印象，从而在人们看到品牌的标识时，产生掌控感、确定感、信任感，以此触发大脑模式化的无脑反应。比如用户看到小米的手机、加湿器、笔记本、电视就会认为它的性价比较高，品质不错，可以直接购买。这就是大脑对品牌印象固化后，形成的模式化反应。

我们喜欢吃汉堡包、喜欢听某类音乐、喜欢喝咖啡、喜欢玩游戏……都是因为我们可以从中获得某种确定的感受和刺激。人们沉迷任何事物都是因为它能带给我们相对稳定和确定的感受和好处。我们对这种感受和刺激越确定，多巴胺越活跃，大脑对其越渴望。驱动人们的积极行为需要大脑与目标建立第二种确定的模式，那就是确定的感觉模式。围绕目标让大脑建立起掌控感、确定感、信任感，这是驱动积极行为的强大动力。

多巴胺行为句式

大脑与目标建立确定的连接后，多巴胺强化目标采用的行为句式是“机械地重复”。那些机械的重复行为是多巴胺塑造的结果。驱动人们的积极行为需要大脑与目标建立第三种确定的模式，那就是确定的行为模式。确定的行为模式即大脑与目标互动形成了机械的重复行为。机械的重复行为是提升效率的一种有效方式。

所有游戏的第一关都有一个非常重要的任务，就是塑造玩家的行为模式。比如，连连看，第一局非常简单，就是塑造玩家玩游戏的行为模式：玩家需要通过画出一条线连接两个相同的图案来消除它们。这条线在连接时只能在水平或垂直方向上转弯，不能经过其他方块（见图 1–5）。这样的规则塑造了玩家重复点击两个相同图案的行为模式。这样一来，只要玩家重复这个行为就可以了。任何想要驱动积极行为的目标都需要塑造人们的行为模式。让大脑形成一套与目标互动的行为模式会强化大脑的掌控感，激发人们的积极行为。

图 1-5　游戏截图

如何更好地利用多巴胺的行为语言，我和大家分享一个公式：简单 + 重复 = 可能。这是人们持续、机械地做出重复行为的原理。

大脑的核心意志是确定，确定的目的是与外在事物建立模式化的、机械的互动。因为机械地重复不费力气，没有风险，还有掌控感。所以，机械地重复对大脑具有强大的吸引力。这也是为什么很多人的生活是在机械地重复，并没有变化的原因。机械地重复创造了我们生活的舒适地带，大部分人都生活在其中。

4. 多巴胺塑造的第三种能力：预知未来的能力

多巴胺塑造了大脑的预知能力。预知能力是大脑根据线索推演事物未来可能性的能力，也就是与目标建立间接连接的能力。在猴子的实验中，出现了神奇的一幕。猴子重复喝到果汁几次后，多巴胺便不再对喝到果汁做出反应，而是对绿灯闪烁开始做出反应。注意，这个时候猴子只要看到绿灯闪烁多巴胺便产生反应，而喝到果汁时多巴胺却没有反应。绿灯闪烁时什么也没有发生，没有意外，没有果汁，多巴胺为什么会产生反应呢？这是多巴胺在塑造大脑的一种能力——预知目标出现的能力。

从多巴胺设定目标，重复实现目标，再到对目标形成模式化反应，多巴胺对目标强化进行了又一次升级——将果汁流出才知道果汁来了的被动行为转化成绿灯亮起就知道果汁要来了的主动行为。多巴胺对绿灯反应是在强化绿灯与果汁流出的间接关联——通过绿灯预知果汁会出现。这时的多巴胺好像在说："记住这个信号，它预示着有好事发生；将有好事要发生……"多巴胺通过强化间接线索让大脑学会预知果汁的出现。

知识点

混乱的、复杂的信息进入大脑后，大脑会通过直接关联对事物进行初步的掌控。接下来，大脑并没有停止对目标进行掌控，它会启动对目标的进一步掌控——对与目标存在因果关系的因素进行识别——去发现与目标存在间接关联的因素，围绕目标建立起因果关联和逻辑关联。

多巴胺通过强化与目标相关的间接线索，来塑造大脑推断、预判、预知事物的能力。这种能力让大脑通过一些线索就能感知目标未来可能的样子，以及目标未来的发展趋势。这对人类来说是一种从根本上实现超越的能力，它让我们能够活在未来。这就好比你在打球的时候，如果只是凭借大脑对球实际掉落的位置做出反应，即看到结果再反应，那么我们永远也接不住球。我们能够精准地接到球，是因为大脑通过接收的信息预判了球落下的位置，我们提前在那里等着，才能接到球。有了这种能力我们才有了与未来的事物互动的能力。

人们的行为不积极的第三个原因是无期待，对事物的发展没有预判，看不到可能性。大脑没有方向，就只能待在原地。一旦对事物产生某种预判，大脑就会产生意志，就会产生期待，就会触发积极行为。

多巴胺语言

在预测目标出现时，多巴胺采用的强化语言是什么呢？我们又该如何运用它呢（见表 1–5）？

表1–5　多巴胺强化预期中的目标，采用的多巴胺语言

认知句式	如果怎样，将会怎样；只要怎样，就会怎样
感觉句式	期待感＋渴望感＋兴奋感
行为句式	积极地准备；迎接未来

多巴胺认知句式

多巴胺强化与目标相关的线索时，采用的认知句式是：“如果怎样，将会怎样；只要怎样，就会怎样”。当大脑捕捉到与目标相关的线索时，多巴胺就会被唤醒来强化这个线索。这时多巴胺好像在说：“注意了，将有好

事发生；来了，好事要来了；我猜接下来会怎样……”大脑之所以会产生这样的预判，是因为捕捉到了与目标相关的线索。这种线索对大脑实现目标具有强大的驱动力。比如，炒股的人，有的会深入研究股票的K线图，有的会关注各种政策……目的是找到影响股票涨跌的线索和关键因素。同样的，做短视频也是这样，我们研究各种做短视频的技巧和方法，目的就是抓住那个提升作品播放量和转化率的关键因素。所以，所有学习行为的目的都是在锁定与目标存在相关性的线索和因素。

多巴胺会强化那些影响目标出现的因素，这些因素会驱动人们的积极行为。我的女儿有一天说：“明天我们要组织运动会。老师说如果明天不下雨的话就组织运动会，下雨就延期。我和同学已经一起祈祷明天不下雨了。”然后，她趴在我身边说“快！你来和我一起祈祷明天不要下雨”，说着就让我像她一样双手合十，闭上眼睛一起祈祷。可是到了第二天，虽然没有下雨，却刮起了大风。运动会还是没有举办成。放学回来她又说：“老师说了，如果明天不刮风，运动会就照常举行。我也和同学一起祈祷明天不刮风了。”每个可能对目标产生影响的因素都会被大脑进行强化。下雨和刮风都是影响运动会举行的因素，所以才得到大脑的强化。这也是人们执着和迷信一些事情的深层原因。比如，你认为要找个有车有房的对象才会幸福，因为社会环境对这些因素的强化，让你感觉这是你未来获得幸福的核心因素，所以你才对这些条件和因素执着。

我们知道了大脑强化与目标相关的因素的模式后，我们可以利用这种模式来影响人们的行为。有些妈妈会在孩子哭的时候，吓唬孩子说："你再哭，猫来抓你了。"如果孩子还是哭，妈妈会接着说："你听，你听，听到它的脚步声了吗？"这样的恐吓不知道给多少孩子造成了心理阴影。但是它在很大程度上让孩子停止了哭泣。这就是在利用"如果怎样，将会怎样"的多巴胺句式，将哭的行为与可怕的东西建立了关联。哭是导致可怕的东西出现的线索。

同样的，如果你想让大脑强化某些因素和行为，就要让它们成为影响目标的因素。比如你想让孩子写作业，就要让写作业成为影响周末去游乐园的因素。你要告诉孩子，如果写不完作业，你就不能去游乐园玩，只能在家写作业。这样一来写作业就成了影响全家人去游乐园这个重要目标的因素。这时多巴胺就会强化写作业这个行为，驱动孩子积极地写作业。

多巴胺感觉句式

当大脑通过线索预知目标要出现的时候，人会充满期待感和兴奋感。期待感和兴奋感就是对目标强化的多巴胺感觉句式。就比如你和孩子在玩躲猫猫的时候，孩子听到你向他靠近的脚步声，他就会无比地期待和兴奋。如果你想增强孩子心中的这种感觉，就可以在快要靠近他的时候，再刻意走远，然后再回来。那么，藏在角落里的孩子的兴奋感和期待感就会增加。这就是脚步这个线索在触发孩子的期待感和兴奋感。

当大脑对目标充满期待时，大脑会根据线索对目标出现的形式和情景进行“脑补”，这会进一步增强我们对结果到来的期待。

人们在等待快递时，期待感和兴奋感最强烈。人们会从下单的那一刻起开始关注包裹的进展状况。当我们在手机上看到快递小哥出发了，我们就会开始期待，看着快递小哥离自己越来越近，这种感觉会越来越强烈。听到有人敲门，这种感觉会再次增强。拆包裹时，这种期待感和兴奋感达到顶峰。随着产品展现在我们的眼前，这种期待感和兴奋感渐渐减弱。这个期待环节的时间跨度远超选择、下单、付款、拆箱等环节。这个环节也是整个购物中，大脑可以把产品的价值和美好尽情放大的环节。这个环节同样也是用户对平台关注频次较高的环节。如果平台能够深度打造这个环节，可以大大提升平台的价值。

记住，贩卖期待比贩卖结果更有价值。一切美好都发生在期待中。因为期待给了多巴胺充分渲染结果的空间，结果一旦摆在面前，多巴胺对其的渲染便很有限。我们要学会充分利用多巴胺对事物进行渲染的机会和空间来制造期待感和愉悦感。

多巴胺行为句式

当我们预知到目标要出现时，会有两种表现。这两种表现源于多巴胺对即将出现的目标进行强化。第一，积极地准备。大脑通过积极地准备让自己在目标出现的时候，能够完美地“接住”目标。第二，迎接未来。大脑会专注于目标出现的方向和位置，迎接它的到来。我们的行为一方面着眼于当下，另一方面放眼于未来。

在《小王子》这本书中，小王子为了驯服一只狐狸，经常和狐狸见面。一次，狐狸说：“你来的时候最好通知我一声，或者我们约定一个时间。比如，我们约好下午四点钟见面，那么我从三点钟起就开始感到幸福。随着时间的临近，我的幸福感会越来越强烈。到了四点钟，我就会坐立不安。但是，如果你随便什么时候来，我就不知道该在什么时候准备好……我们的见面应该有一些仪式感。”就像狐狸说的，我知道你什么时候来，我就会为迎接你的到来做好准备，这个准备的过程，一方面提升了幸福感，另一方面也提升了目标的价值和意义。准备的过程就是在对目标的出现进行强化，目的是为了完美地“接住”目标。

在此我们要意识到一点，是目标让我们更愉悦还是过程让我们更愉悦。答案显而易见，是过程。将幸福感拉满的是期待和准备的过程，当结果出现时，我们反而没什么感觉了。这也告诉我们一个非常重要的道理，过程比结果更加重要。让大脑享受过程，远比让大脑接受结果更有价值。

5. 多巴胺塑造的第四种能力：规避风险的能力

多巴胺还塑造了人们规避风险，以及修复、找回、重新与目标连接的能力。

我们继续往下看猴子的研究。接下来，研究人员打破了绿灯闪烁有果汁流出的规则。他们让绿灯闪烁，但是不让果汁流出，切断果汁与管子的连接。在这种情况下，猴子看到绿灯闪烁时，大脑会快速释放大量的多巴胺，当猴子发现果汁没有流出时，多巴胺马上降到了很低的水平。这会让猴子体验到负面的感觉——失落感、挫败感、失控感。负面的情绪在告诉猴子："过去的连接断开了，赶快把它找回来，尝试以新的方式获得果汁。"连接断开会唤起大脑对目标的再次渴望——渴望修复和找回目标。与目标的连接将要断开，或者已经断开，大脑都是不允许的，这意味着我们将失去对事物的掌控。

知识点

我们身处在瞬息万变的世界，一切转瞬即逝。大脑建立起来的连接随时都可能断开。大脑的第四种识别机制就是风险识别机制。风险识别是大脑最基本的机制。所以，大脑对那些威胁到连接的信息都会格外敏感。一旦嗅到可能会威胁已有连接的信息，大脑就会体验到危机感、厌恶感和失控感。这样的负面感觉是在对目标进行负强化，驱动人去规避风险。

多巴胺的强化模式有两种，一种是正强化，一种负强化。正强化通过正面感受强化目标，比如猴子喝到果汁感到愉悦。负强化则是通过负面感受强化目标，比如猴子没有喝到果汁感到沮丧。我们要意识到一个问题，多巴胺水平的升高和降低都是对目标的强化。多巴胺水平升高，感受到的是愉悦、快乐、美好，是正强化。多巴胺水平降低，感受到的是无助、痛苦、焦虑，是负强化。

强化就是强调，大脑越强调什么，就越要去关注什么。比如，你可以不去想那只白色的大象吗？你能不能不要再吸烟了……这些信号都是在反向强化目标。反而是在让大脑去想那只大象；让人渴望吸烟。负面的感受也是在强调目标的重要性，不然我们怎么会痛苦呢？一定是因为它们对我们来说是重要的。失去恋人的痛苦就是在强调恋人对我们来说是重要的。很多时候我们的行为是被负面感受驱动的。我们拼命挣钱，是怕穷；拼命地为孩子报各种培训班，是怕孩子输在起跑线上……

负强化塑造了大脑规避风险的能力。当大脑监控到失去和损失的风险就会启动对目标的再次强化，从而驱动规避行为。同时，负强化也塑造了大脑失而复得的能力。当连接断开或者可能断开时，我们会感到痛苦、焦虑、无助，驱动我们采取积极的行为去找回和修复连接。风险意识和连接断开导致的负面情绪，都是大脑在启动负强化的模式来对目标进行强化。

人们行为不积极的第四个原因是没失去。大脑没有失去的意识，就会认为对事物了如指掌，这样大脑就不会产生进一步掌控事物的意志。只有让大脑意识到可能失去或者已经失去，大脑才会变得积极。

多巴胺语言

风险意识被唤醒时，多巴胺采用什么样的语言来对目标进行负强化呢？我们该如何运用这样的强化语言呢（见表 1–6）？

表1–6　多巴胺强化可能失去的目标，采用的多巴胺语言

认知句式	可能错过，可能失去
感觉句式	紧迫感 + 危机感 + 恐慌感
行为句式	更加积极，冲动行为

多巴胺认知句式

多巴胺进行负强化时会采用一种多巴胺认知句式，即多巴胺强化风险意识——“可能错过，可能失去”。这

是一种提醒和警醒式的认知语言。它可以瞬间让大脑意识到自己可能正在面临失去和错过的风险。

英语培训课的销售人员会告诉你，孩子学习外语要把握发育的关键期，3 岁、6 岁是孩子语言功能发育的关键期，错过这个关键期孩子要想学好英语就难了，这样的话会瞬间唤醒你的危机意识，让你感觉如果不赶快给孩子报英语班，恐怕就错过了学英语的最佳时机。我们在抖音上会看到很多视频都采用这样的表达方式，目的都是为了唤醒风险意识。比如，如果这个关键期抓不住，就会错过孩子长高的黄金阶段；一旦身体出现这几个症状，恐怕你正在远离健康；孩子有过敏性鼻炎，这几种食物要少吃，不然会害了孩子……这种认知句式的核心会让人们瞬间意识到自己正处在一种无意识的状态，这种无意识的状态正在将自己推向失去和错过的边缘。这种认知语言会让大脑采取积极的行为去规避风险。

多巴胺感觉句式

多巴胺强化风险意识的感觉句式，让人们产生紧迫感、危机感、恐慌感。这些感觉会抑制我们的错误和冒险行为，让我们采取保守的策略，确保自己不遭受损失。

我的书架上堆满了书，有很多书我都没看过。每次试图清理这些书的时候，我总是会情不自禁地翻开看看有什么内容值得再看看。这样一看就会发现很多书需要留着再看看，结果就是翻了半天又把它们放回了原处。这就是我要处理掉它们的行为，唤醒了我可能永远失去它们的危机感和紧迫感。这种感觉会驱动我去发现书中有用的内容。我清除它们的行为，触发了大脑对它们的负强化。负强化让我在还没有失去它们的时候体验到了失去它们的负面感觉，结果就是我重新发现了它们的价值。

给大脑制造失去目标的负面感觉，就能启动大脑对目标再次强化，让我们重新重视它们。

认知句式与感觉句式的不同在于，认知句式是让大脑认识到自己可能正在失去和错过，感觉句式是让大脑直接感受到失去和错过。

多巴胺行为句式

风险意识被唤醒时，人们的行为会发生什么变化呢？

人们会对目标更加积极。这里强调的是**更加**积极。这种积极更多的是一种冲动行为。

在某部电影中，有一个很有意思的情景。在商场里，一个女孩站在一双漂亮的鞋前，犹豫要不要买这双鞋。因为她的信用卡已经刷“爆”了。这时只见另一个女人走到这双鞋前，伸手正要拿起这双鞋。女孩看到这种情景，迅速拿起那双鞋抱在怀里说：“这双鞋我要了。”如果人们对一个目标犹豫不决，可以让他感受到失去的可能，这会瞬间激发他的冲动行为。

多巴胺语言

当与目标的连接断开后，多巴胺采用什么样的语言来对目标进行强化呢（见表1–7）？

表1–7　多巴胺强化失去的目标，采用的多巴胺语言

认知句式	怎么了！没用了！没有了！
感觉句式	失控感＋挫败感＋失去感
行为句式	盲目的补偿行为

多巴胺认知句式

与目标的连接断开后，大脑会采用多巴胺负强化的

语言对目标进行强化。在连接断开时，多巴胺会启用："怎么了！没用了！没有了！"的认知句式，对目标进行负强化，驱动人们修复、找回、寻求替代连接的行为。多巴胺的负强化语言，会给人一种措手不及的失控感。接下来，大脑会触发一些系列的操作，试图搞明白发生了什么。

假如有一天，你和朋友见面时，朋友对你说："你好像胖了一点点。"你会想："什么？我胖了？"接下来，不论朋友说什么恐怕你都听不进去了。回家后你会站在镜子前反复地审视自己的身材；也不敢大口大口地吃饭；开始在网上查询各种减肥的方法……朋友的话让你意识到自己失去了苗条的身材。这样的刺激让你对自己的身材很满意的感觉消失了。这种失去的感觉会驱动你更加积极地进行身材管理，重新获得苗条的身材。

如果你想让自己和他人更加积极地去做某件事情，就可以让他们意识到他们失去了他们非常在意的东西，这种切断连接的方式可以唤醒大脑的积极行为。

多巴胺感觉句式

连接断开启动的多巴胺感觉句式是"失控感＋挫败

感 + 失去感”。大脑建立起来的连接一旦断开，大脑会通过失控感、挫败感和失去感来对目标进行强化。

所以，短暂的失去让大脑体验到失去感，这是重新让大脑发现目标价值和意义的一种重要的方式。这种负强化的语言可以让我们更加珍惜和在乎目标。这也是为什么很多恋人在分开后没多久就会复合的原因。因为分开后，他们才有失去感和挫败感。这种负面的感觉让他们重新发现对方的好。结果就是，很多恋人分分合合好几次。很多时候，导致两个人最终分开的原因是其中一个人找到了新的对象。短暂的失去，是唤醒多巴胺对目标进一步强化的一种有效的方法。

多巴胺行为句式

连接断开唤醒的多巴胺行为句式是“盲目的补偿行为”。当与目标的连接断开，大脑会进入失控的状态，大脑迫切渴望修复连接，结果就是盲目补偿。

我经常在京东购买一种有机牛奶，它的价格一直比较稳定。所以，我每次都会等到快喝完的时候才会购买。当有一天我再次购买的时候，忽然发现它涨了 20 多元。我瞬间就感觉过去的价格好珍贵。当它的价格重新回到原先的价格时，我一下买了好几箱。这就是利用暂时断开连接增加消费者的积极行为。这种积极的行为是带有盲目性和补偿性的。

直播购物的很多环节都在利用消费者的这种心理。有的主播介绍完商品后，倒数 10 秒下链接，一个产品只给 10 秒的抢购时间，而且库存量也较少，大多数人都抢不到。他们这样操作就是为了让大家体验失去的感觉，来触发大脑的补偿行为。结果就是在第二次加量的时候，大家疯狂抢购。其实我们在直播间购买的商品很多都用不到，之所以积极地抢购就是因为主播掌握了多巴胺强化目标的模式，他们可以自如地控制消费者对商品的感觉。要想避免盲目抢购的行为，最有效的方式就是不在直播间停留，因为你根本控制不了你的大脑。

负强化更适合用于短时间内激发人们的积极行为。风险意识虽然可以触发人们的积极行为，但它也是抑制人们积极行为的重要因素。所以，要想让目标持续地驱动人们的积极行为，就需要进行风险管理——尽量避免触发大脑的风险意识。只有这样，人们才会毫无顾虑地沉浸其中。

6. 多巴胺塑造的第五种能力：无回报进取的能力

在实现目标之前，我们的大部分付出都是无回报的。这种无回报追踪目标的能力也是多巴胺塑造的。这种能力对人们实现目标来说非常重要。如果大脑不能在无回报的情况下继续进取，我们将永远无法实现目标。

在舒尔茨教授的研究中，他们把蓝灯闪烁后果汁的流出设置成随机的，有 50% 的可能出现果汁。受过训练的猴子（猴子已经将果汁定义为奖赏），看到蓝灯闪烁的时候，多巴胺会被短暂地激活，并且在蓝灯闪烁的大约 1.8 秒里，多巴胺的激活程度会随着时间不断加强，直到蓝灯熄灭时达到高峰。蓝灯闪烁并不意味着奖赏一定到来，多巴胺做出这样的反应，是多巴胺在对目标出现的可能性进行强化，通过强化这种可能性，驱动大脑继续重复行为。多巴胺通过这样的强化机制来提升猴子的“中签率”，因为停止重复就没有中签的可能了。

美国的心理学家斯金纳曾做过一个小白鼠的实验。如果小白鼠按动一个按钮就能吃到食物。他把按动按钮得到食物的概率设置成随机的，结果小白鼠像疯了似的，不停地按动按钮。在大多数没有回报的情况下，小白鼠还持续地按动按钮。这是因为多巴胺对没有回报的行为进行了强化，驱动小白鼠重复尝试。只有不断地重复才有获得食物的可能。

再次强调，大脑不会做绝对不确定的事情，不会追求绝对不确定的目标。这里的不确定是指大脑确定结果存在，但是不确定它什么时候出现，以什么方式出现。比如很多商家会举办抽奖活动，100 个球里面确定有 3 个球有大奖。顾客要想中奖的话只有反复地抽奖才有可能中奖。“确定”是人们做出一切行为的前提条件。

知识点

我们在没有实现目标之前，大部分的投入行为是无回报的，是无效行为。实现目标的道路上时刻伴随着挫败，挫败是抑制人们积极行为的重要因素。挫败很容易让我们半途而废。所以，挫败管理的能力是我们实现目标的重要能力。大部分人不能成功的根本原因是善于放弃，而不是善于挫败管理。挫败管理能力是人们实现目标和成就自我最基础的能力。挫败管理包括风险管理、能力管理，以及反馈效果管理。

在无回报的情况下，多巴胺是如何对无回报的行为进行强化的呢？就好比大部分时候我们买彩票一分钱都中不了，那么，为什么人们还是会重复地购买呢？这其中多巴胺的强化机制是什么样的？答案就是试错机制。试错机制是我们实现目标的重要机制。大脑通过不断地试错，来让自己离目标更进一步。每一次重复都是在排除一个错误答案，每排除一个错误答案，我们就感觉离成功更进一步。我们的每次重复都在提升中标率。如果停止重复就意味着自己放弃了中标的机会。重复就是为中标开启可能的行为，重复就有可能，停止重复就无可能。看似无回报、无效的重复行为对大脑来说是非常有价值的——排除错误答案，离目标更进一步。在目标不确定的情况下，实现目标最笨的也是最有效方法就是重复试错。重复试错塑造了我们积极进取的能力。

人们行为不积极的第五个原因是无进步。大脑认为自己的重复付出没有进步和成长，才变得消极。一旦无回报的重复行为有了进步的价值和意义，人们的行为就会变得积极。

多巴胺语言

多巴胺在强化无回报的行为时，采用了怎样的多巴胺语言呢（见表 1–8）？

表1–8　多巴胺强化随机的目标，采用的多巴胺语言

认知句式	更进一步，下次一定
感觉句式	累计感 + 进取感 + 咫尺感
行为句式	排除式的重复，累计式的重复

多巴胺认知句式

在无回报的情况下，多巴胺强化目标采用的多巴胺认知句式是“更进一步，下次一定”。多巴胺采用这种认知句式，一方面强调无回报的行为是有价值的——离目标更近一步，另一方面通过更进一步来增加下次中标的可能性，更进一步减少放弃的可能性，因为一旦放弃就等于彻底没有可能，也浪费了过去的努力。大脑在“更进一步，下次一定”的交错发力中形成了良性的循环，导致大脑不断渴望重复。

所以，在暂时无回报的行为中，我们要学会强调“更进一步，下次一定”。这样的句式组合一起，给人的感觉就是“快了快了，有进步”，是在强调下一次中标的

可能性。

买彩票是无回报的重复行为最典型的案例。人们不中奖还总是会买。因为人们把每次买彩票都当成一次试错。这次用自己的生日数字买彩票没有中，下次就用自己的手机号，再下次直接随机购买……在每次的重复中我们都会加入一些自主的变量，这样操作能使大脑有目的地排除一个个错误答案。在整个重复的过程中，大脑都在采用“更进一步，下次一定”这样的多巴胺语言强化目标。

你想中彩票吗？那你得买彩票，不买怎么中。你想要结婚吗？你得相亲，不认识新人怎么结婚。不断地买彩票，不断地相亲你才有如愿的可能。

多巴胺感觉句式

在无回报的情况下，多巴胺强化目标采用的感觉句式是：累计感 + 进取感 + 咫尺感。

有一段时间，我女儿迷上一种名为小马宝莉的卡。这种卡有 R、CR、UR 等不同的级别，其中黑卡的价值最高。每盒卡是不一样的，就像开盲盒。有时候买了很多盒，但里面一张黑卡都没有，这就导致孩子想要不断购买。孩子每次购买都是在给自己创造一次获得黑卡的机会，但每次都没有获得黑卡，可孩子依然认为下次一定会有。这种撞运气的模式，让孩子总是感觉与买到黑卡只差下一次了。这种下一次就会成功的咫尺感让他们感觉如果没有下一次，就会彻底错过得到黑卡的机会。结果就是孩子在“更进一步”与“下次一定”的进步感和咫尺感中不断购买。

你认为孩子真的想要那张黑卡吗？其实他们要的是那种与美好靠近的感觉。有一天，我女儿真的拆到了一张黑卡，但她说是假的，找了各种理由说这张卡是假的。因为她没有继续买卡的理由了，这让她很失望。这让我想起阿尔贝·加缪的一段话：“只要我一直读书，我就能够一直理解自己的痛苦，一直与自己的无知、狭隘、偏见、阴暗见招拆招。很多人说和自己握手言和，我不要做这样的人，我要拿石头打磨我这块石头。我会一直读书，一直痛苦，一直爱着从痛苦里生出来的喜悦。”我们需要的是通过一种模式让自己感觉有不断变得美好的可能。人们享受这种不断蜕变、进步的感觉。而这种感觉藏在持续的过程中，过程终止了，美好的感觉也就终止了。所以，“一直”才是这段话的核心。一直买书、一直读书、一直尝试……这种重复的行为给大脑制造了与美好近在咫尺的感觉。这种重复的过程结束了，绝望也就随之而来了。重复行为真正吸引人的地方就是这种进步感和咫尺感。记住一点，人们在很多时候并不是想要解决问题，而是沉迷解决问题的过程。

有一天，我女儿用纸折叠了一个两头鼓鼓的小方盒子，用手指按下去就会再弹起来，上面写着“功德 +1”（见图 1-6）。她走到我面前，一边按一边说：“功德 +1，功德 +1。”我瞬间意识到，虽然很多时候机械的重复行为毫无意义，但是一旦赋予它某种进步的意义，重复的行为就会变得有价值。我想她一定是在抖音上看到的。于是我就在抖音上搜索了一下，果然发现网上有各种小木鱼，而且很受年轻人的喜爱（见图 1-7）。售卖木鱼的达人会说：“你有什么烦恼，可以敲一敲，很减压。木鱼一

图 1-6　木鱼折纸

敲烦恼全消，木鱼一敲好运来到。”如果你希望自己快乐，就一边敲一边念“快乐 +1，快乐 +1”。如果你希望好运连连，就一边敲一边念“功德 +1，功德 +1”。如果你希望消除烦恼，就一边敲一边念“烦恼 -1，烦恼 -1”。这样一来，你每次重复这样的行为，就会有离自己的愿望更近的感觉。重复行为有累计的功能。这就是机械地重复的深层意义。

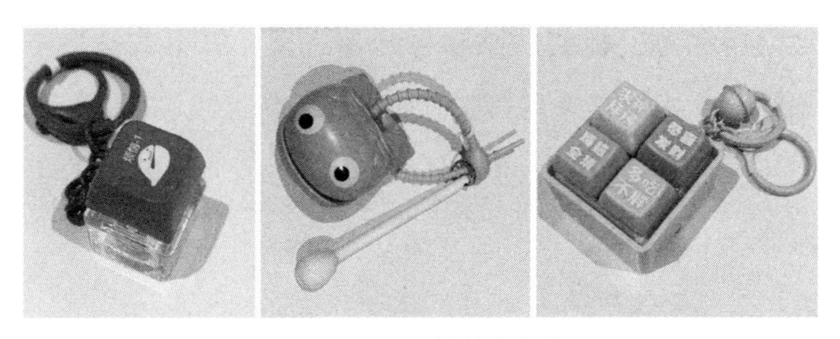

图 1-7　不同风格的木鱼产品

很多时候，我们不是不能接受在生产线上重复地拧螺丝，也不是不能接受在餐厅里重复地刷盘子……而是不能接受这些重复的行为没有被赋予价值和意义，没有开启成长空间。

多巴胺行为句式

在无回报的情况下，多巴胺强化目标采用的行为句式是“排除式的重复，累计式的重复”。在无回报的情况下重复行为更多的是在试错，目的是为了快速排除一个错误答案。越是快速地重复，越是能快速地实现目标。就像跑步一样，重复迈开步子的速度越快，你接近终点的速度就越快。

很多做短视频的博主，发布的内容是没有流量的。在这种没有回报的状态下，他们为什么还一条接一条地发视频呢？他们的驱动力是什么呢？答案就是那个不知道什么时候来的可能性——总有一条会“爆”。他们重复发视频的目的就是快速拥抱那个“爆”的可能性。

人获得成功也是同样的道理。媒体在采访演员梁家辉的时候，问他：“你演了那么多的经典角色，有选剧本和角色的秘诀吗？”他说：“其实没有秘诀。就是有戏就拍，不断地拍。每次都认真把自己的角色演好。至于结果，是由剧本、导演、宣发、市场等各种因素决定的，并不是角色和剧本决定的。多拍，拍得多了说不定哪个就会火。”可见，当我们面对这个不确定的世界，成功只有一个确定的方法：不断地做，不断地创造可能，拥抱可能。这样我们的人生才有可能。

记住，人们沉迷重复行为，是因为每一次重复都给自己制造了实现、如愿、超越的机会，一旦停止重复，机会就没有了。

7. 多巴胺塑造的第六种能力：复盘纠错的能力

当目标处于动态的情况下，大脑是如何死死咬住目标不放，最终实现目标的？大脑能够动态追踪目标，是多巴胺对目标动态强化的结果。多巴胺塑造了大脑动态追踪目标的能力。

2023 年发表在《自然》杂志上的一项研究指出，多巴胺不仅通过强化让大脑锁定目标，同时还强化和塑造一系列追踪目标的行为过程。多巴胺让行为在动态追踪目标的过程中变得越来越专注和精准，最终实现目标。就好比你带着狗在公园里玩飞盘（见图 1-8）。你每次扔出飞盘，狗都会拼命地跑去接住飞盘，然后交给你，获得一些食物奖励。狗在追飞盘的过程中并没有获得奖励，它之所以拼命地追着飞盘奔跑，并最终精准地接住飞盘，是多巴胺对动态目标强化的结果。研究发现，大脑在动态追踪目标的过程中，多巴胺会驱动大脑快速在错误和尝试中，强化与目标强关联的行为，减少与目标弱关联的行为。这就像外卖小哥送完一餐得到了 10 元奖励，大脑会释放多巴胺来强化这个目标，让他开心。但是，在接单、取餐、出发、到达、签收、获得 10 元奖励的整个过程中，多巴胺都在参与。比如，怎样快速抢到有 10 元奖励的订单，如何快速找到取餐的餐厅，如何快速取餐……在这一系列的行为过程中，多巴胺在每个环节都不断地强化正确的行为，减少错误的行为。这才使得外卖小哥最终获得了 10 元的奖励。

图 1-8 小狗接飞盘

一旦多巴胺锁定目标，即便目标处于动态状态，多巴胺也会对动态目标进行强化，将目标与大脑联系在一起，持续驱动人们的行为，最终实现目标。多巴胺的这种塑造能力对我们动态地追踪目标非常重要，它大大提升了我们的生存能力。没有多巴胺对动态目标强化的机制，我们很容易失去动态中的目标。比如我们看到一只趴着的兔子，正准备去抓，兔子一下子跑掉了。如果大脑没有动态追踪目标的能力。那么，兔子只要在奔跑，我们就不知道该怎么办。大脑有了在动态中强化目标的能力，人们才能抓住奔跑的兔子。

知识点

在追踪目标的过程中，每次遇到失败，大脑都会对过去的行为进行反思，启动对失败和失误的识别，从而找到失败的原因。有个词叫“复盘”。大脑通过对过去行为的复盘，来反思没有实现目标的原因。大脑一旦通过复盘找到了失败的原因，就等于发现了成功的方法。对过往行为的复盘，会帮我们发现失败的原因，这就是纠错。多巴胺对动态中的目标进行强化的方式就是纠错，找到失败和失误的原因就等于找到成功的路径。人们行为不积极的第六个原因就是无路径。一旦大脑能从过往的行为中找到成功的路径，就会对目标紧追不放。

记住一点，任何失败的经历，如果我们不能从中找到失败的原因，那么，失败的经历就是无效经历，对实现目标没有价值。能够找到失败的原因，我们才算有长进，才能运用多巴胺语言。多巴胺的力量才能为我们所用。

多巴胺语言

在动态中，多巴胺采用什么样的语言来对目标进行强化？我们又该如何运用这样的强化语言呢（见表 1-9）？

表1-9　多巴胺强化动态中的目标，采用的多巴胺语言

认知句式	就差一点，再来一次
感觉句式	咫尺感 + 兴奋感 + 迫切感
行为句式	积极复盘，有目的地尝试

多巴胺认知句式

多巴胺对动态目标进行强化采用的认知句式是“就差一点，再来一次”。大脑在动态追踪目标时始终在对大脑说：“就差一点，再来一次。”这样的认知让大脑仿佛看到了成功的曙光，发现了成功的路径和方法。

多巴胺在强化动态目标时，采用的认知句式遵循两个原则。

第一个原则是，发现没有达成目标的行为的价值。它是驱动人们积极行为的一个要素。比如，你是一个公司的运营人员，找了很多达人带货。结果你发现，转化率并不高，忙活半天没有卖掉多少产品，这时你就会失望。当主管告诉你，虽然没有卖出太多产品，但是你让很多人认识了这个产品，可以提升用户对产品的认知。这样的解释为没有卖出更多产品的行为赋予了价值，这种价值会驱动你继续积极地找更多达人带货。

我们要搞清楚一点，在无回报的情况下要强调的是重复行为本身的价值——试错，而在动态中要强调的是失败行为的价值——纠错。所以，学会发现失败行为的价值，是多巴胺认知语言的精髓。现在你知道在没有实现目标时，该如何驱动他人的积极行为了吧？先分析失败的原因，然后找到原因，人们就有了继续努力的冲动。

第二个原则是，简单化和理想化。让大脑认为自己只是犯了小错，以此来强化与成功的差距很小的认知。这种多巴胺句式驱动人们开展积极行为的另一个要素就是：强调“一点”。让大脑感觉想要成功很简单、很轻松、很容易。这样做还有一个目的：让大脑忽略导致失败的其他因素，聚焦这“一点”。大脑对失败行为复盘是为了提升对“就差一点”这条成功路径的理想化认知，从而驱动人们面对失败时的积极行为。

多巴胺感觉句式

多巴胺在强化动态中的目标时采用的感觉句式是“咫尺感＋兴奋感＋迫切感”。

我上中学的时候，学校经常组织1万米的长跑比赛。我有一个非常有效的跟跑策略，就是跟着一个领先的选手，与他保持两米左右的距离，跟着他跑。这样既能使我保存体力，也不至于掉队。在临近终点的时候我再发力冲刺。这就是我与目标保持一种咫尺感，从而触发我持续的积极行为的秘诀。

多巴胺行为句式

在动态追踪目标的时候，多巴胺强化目标的行为句式是“积极复盘，有目的地尝试”。

我们的每一次复盘都是在为接下来的行为提供成功的路径、方法、方案。很多的直播公司每天都会对主播的表现和直播数据进行复盘。每次复盘都会发现新的问题。比如，用户停留时间太短了、主播的表现力不够、主播的语速太慢、主播的话术不够精练、主播与网友的互动不够多……总之，只要找到失败的原因，就能找到了成功的方法。他们就会信心满满地开始新的尝试。复盘行为本身很重要，所以，要想驱动人们的积极行为，需先触发复盘行为。复盘行为一旦产生，有目的的尝试行为就会自然而然地产生。

前文我和大家讲过，我女儿有段时间迷上收集小马宝莉的卡。起因是有一天同学送了她两张小马宝莉的卡。她拿着卡在我身边说了半天，它怎么好，多么珍贵，问我能不能给她买一套，一套大概有 5 盒。我拒绝了。她看我没有松口的可能，便走开了。过了一会儿，她又趴在我身边说："明天我们考试，我考 90 分以上能不能给我买一盒卡。"我说："可以啊，你考 90 分就给你买。"她高兴地走开了。没过一会儿，她好像想明白了什么，又回来找我。我想她是意识到给自己挖了考 90 分的大坑，如果考不上就不能买卡了。你猜，接下来她会怎么从坑里爬出来？她又趴在我的身边说："考了 90 分买卡是奖励，如果考不好，你是不是也可以给我买卡鼓励一下，让我下次努力考好。"我想，考不好是应该鼓励。于是我便答应了，可之后，我才发现被她"套路"了。

吃晚饭时，她又说："我们要考 3 门课，每考一门是不是就可以买一盒？"她妈说可以。结果她就获得了买 3 盒卡的机会。可是一套卡有 5 盒，还差 2 盒。她并没有停止动脑筋，一直在想怎么争取买到那 2 盒。晚上写作业的时候她问妈妈："妈妈，你能给我买剩下的 2 盒吗？"她妈说："咱们做个交易吧！你要能自己写作业，不要总让我陪你写作业，我就给你买。"她满口答应："好，我一周之内表现好，你就把 5 盒一起买回来行不行？"就这样，两个人达成了交易。

到了第二天，她吃完晚饭便开始自觉地写作业了，写完作业还自觉地写了两张卷子。她的整个行为过程，就是她锁定买一套卡这个目标后，不断地尝试的过程。她每走一步都会复盘，吸取经验，找到有利于实现买 5 盒卡的目标的因素。然后，实施计划。最终，达成目标。她的可爱之处在于她知道直接买一整套卡的可能性几乎为零，所以只能把整个目标拆分成一个个小目标，逐个实现。这就是大脑在动态中为强化目标采用的行为策略——积极复盘，有目的地尝试。

8. 多巴胺塑造的第七种能力：选择和决策的能力

我们一起来做一个小测试。图 1-9 中显示的 A、B、C 三条路，你选择走哪条？你先把自己的答案和理由记在心中。其实，无论你的选择是什么，结果都是一样的，最终都是走在同一条路上，唯一不同的是你选择走这条路的理由，走这条路的体验。你一定不这样认为：认为自己做了最好的选择。我们说过所谓的美好和价值是大脑渲染和强化的结果。世上有 100 条路就会有 100 种选择，就会有 100 种价值，那么谁对谁错呢？好与不好都是我们的体验而已。这只是围绕同一个结果和目标导入选择和决策的行为得到了多巴胺的强化而已，选项之间没有本质上的区别。

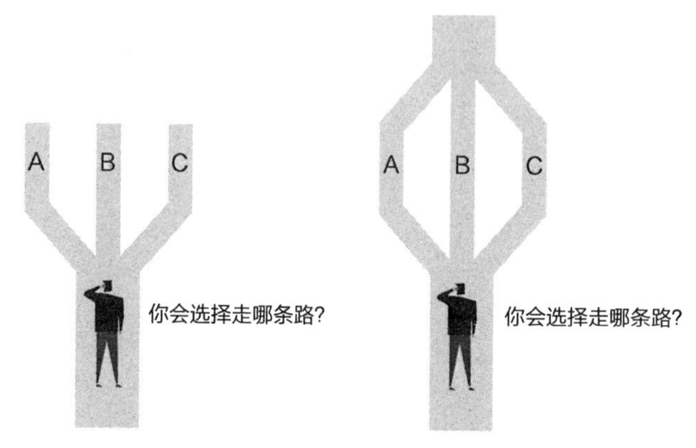

图 1-9　选择测试和测试答案

一项研究发现，让老鼠在三种奖赏中做选择时，选择的行为与选择的结果都会触发多巴胺。这项研究表明，选择的行为本身具有自我强化功能，会让人们感觉良好。另外，美国加州索尔克生物研究所的科学家发现，多巴胺塑造了人们的决策能力。他们通过研究发现，只要改变小白鼠大脑中的多巴胺水平，就能改变它们的决策。比如，你本来想买可乐，最终却买了一瓶雪碧。你之所以选择雪碧，是因为你在看到雪碧时大脑中的多巴胺被激活了，才改变了你的选择。这项研究表明，你的选择是多巴胺强化的结果。科学家的多项研究表明，选择的行为和选择的结果都会得到多巴胺强化。

其实，对我们来说选择和决策的行为本身比对错、好坏更加重要。决策和选择的行为本身就具有强化功能，强化“我在支配、我在操控、我在取舍”的自主感，这种感觉比对错、好坏更加重要。围绕目标导入选择和决策的行为能大大提升大脑驱动的积极行为。比如，同样是买一件衣服，一个销售人员直接给你拿了一件红色的衣服，这就是没有导入选择和决策的行为。而另一个销售人员对你说：“这件衣服，您是想要红的还是蓝的？”导入这样的选择行为会让顾客感觉良好。同样是把一件衣服卖给顾客，围绕这件衣服为顾客导入选择和决策的行为，会使顾客的自我得到强化——自我感觉良好。

我们每天都在做决策，如果大脑真正掌握了做决策的方法，那么我们应该只会成功不会失败才对，可为什么人生还是不如意。事物的发展更多是由事物发展的周期和规律决定的，人们对其的左右是有限的。决策和选择的意义是让大脑能体验自主感。自主感是生命力的重要来源。我在《活着就在找感觉》中说过，人们一旦失去对生活的自主感、掌控感、驾驭感，就会陷入抑郁和焦虑的状态。所以，如果人们的行为不积极，我们可以通过导入选择和决策的行为来驱动人们做出积极行为。

记住，人生的不同源自选择的不同，选择的不同本质上是自我强化模式的不同，也就是你渴望借助什么来感受自我、连接自我、确定自我。

知识点

大脑能够持续积极地追踪目标，与目标互动，有两个决定性的因素。一个因素是我们前面一直在强调的确定性。大脑从信息中获得确定的因素才驱动人们做出积极的行为，绝对不确定的目标不会驱动人们的行为。另一个因素是自主性，要让人们感觉自身的行为是自发的、自主的而不是被动的、被迫的。任何让大脑感到被动的因素都会抑制大脑的积极行为。给大脑选择权和决策权就是在唤醒大脑的自主意识，就会驱动人们做出积极的行为。确定性和自主性是驱动积极行为的基石。所以，人们行为不积极的第七个原因就是无选择。无选择意味着不自主，不自主意味着没有意志。选择可以激发大脑的意志，从而驱动人们的积极行为。

我曾在《带感》中提到一个概念叫“自我标记”。自我标记是大脑在事物中烙上“我”的标记——与自我建立关联。可以说多巴胺强化的目的就是自我标记。有些动物会用粪便和气味来标记自己的领地。人类是用自我标记这种方式，来标记与“我”有关的事物。自我标记最常见的方式就是想象自己与事物互动时的情景和画面，将自我投射在其中。比如，你想象自己穿着某名牌衣服时变得气度非凡，自信满满。这就是将自我投射在衣服上，在衣服上打上自我标记。还有一种方式是选择，通过选择的行为让自我与事物建立连接，以此标记为“我的”。比如一堆苹果，你从中选了一个，你之所以选择这个是因为大脑给了你选择它的理由——大一点、红一点、饱满一点……这些理由就是你与这个苹果建立的连接，使你在这个苹果上打上自我标记。这就是选择行为的意义。

给事物打上自我标记后会发生什么呢？如果你让孩子在一个盘子中选一块糖，接下来，你让他把手中的糖给你。大部分孩子不会轻易把糖给你。但是，他会从盘子中重新拿一块糖给你。盘子中的糖与他手中的糖有不同吗？没有。不一样的是他给自己选的糖打上了“自我标记”——它是我的。“我的”与“其他的”不一样。选择和决策就是给事物打上自我标记的方式。一旦打上自我标记，事物就会变得重要，就会触发人们的积极行为。

多巴胺语言

人们在围绕目标做决策和选择的时候，多巴胺采用什么语言强化目标呢（见表 1–10）？

表1–10　多巴胺强化选择中的目标，采用的多巴胺语言

认知句式	是……还是……
感觉句式	自主感 + 掌控感 + 支配感
行为句式	有目的地积极选择

多巴胺认知句式

多巴胺在强化决策和选择行为的时候，采用的认知句式是“是……还是……”。这样的选择句式会让大脑感觉是自己在选择，是自己在做决定。决策和选择的行为会让人们产生一种错觉——我正在努力把自己带入更美好的状态。这就导致我们在做决策时更加积极主动和充满渴望。所以，如果你想要他人围绕一个目标做出积极行为，就要围绕目标导入多巴胺认知句式。比如你想给别人一个水果，就可以让他在两个选项中选：“你想要吃甜的还是酸的、大的还是小的、青的还是红的、削皮吃还是带皮吃？”同样是吃一个苹果，采用多巴胺强化目标的句式，自我会获得三种强化的美好感觉。第一，选择行

为本身，大脑会感觉自己得到了尊重；第二，选择对象，每个人都希望得到自己喜欢的东西，选择自己喜欢的东西我们都会很开心；第三，我在选择，是自主的，而不是被迫的。所以，让他人认识到自己可以自由选择，他就会感觉良好。

多巴胺感觉句式

多巴胺在强化决策和选择行为的时候，采用的感觉句式是“自主感 + 掌控感 + 支配感”。我们可以通过唤醒大脑的自主感和支配感来驱动人们的积极行为。前面我们说过，要想让孩子积极地写作业，可以直接将作业放在他的面前，让他的大脑聚焦。如果孩子还是抗拒写作业，我们还有一套方案，就是增强他的自主感。你可以让他选择先写语文作业还是先写数学作业。这样可以唤醒孩子的自主意识，自主意识是积极行为的基础。

我的女儿吃完糖葫芦总是会拿着竹签玩，我非常担心她会扎到自己。可我越是让她放下，她越是拿着不放。这是因为大脑认为自己的自主权受到了限制，大脑抗拒这样的感觉。你要想让她主动放弃就要给她自主感。

有一天，她又拿着竹签玩。我就对她说：“你如果不玩了，记得把竹签扔到垃圾桶里。”结果她只是摆弄了两下就把竹签扔进了垃圾桶里。当她把竹签扔进垃圾桶的时候，忽然愣了一下，心想“我还没有玩够呢，怎么就把它给扔掉了”。这是因为，我说的那句话让她感觉，我不是不让她玩，而是让她记得把竹签扔进垃圾桶里。我把对“不要玩”的强调转移到了“记得”这个行为上。这句话一方面给了她自主感——你可以玩，另一方面给了她新的约束——记得扔。只要她在玩竹签就会感受到约束的存在。她为了不让自己总是被“记得把竹签扔进垃圾桶里”这个指令约束着，就迫不及待地把竹签扔进了垃圾桶。这个案例从正反两个方面利用了自主感来驱动她的积极行为。我们不但要唤醒大脑的自主意识，驱动积极行为，也要学会给大脑制造约束，来激活大脑对自主感的渴望，从而驱动人们的积极行为。

选择的行为之所以能驱动我们的积极行为。其中一个原因就是，当我们做了一个选择，比如选择先写语文作业，如果不想写，想反悔，大脑会很难放弃——放弃的行为会唤醒混乱感。大脑会产生“你不要为什么要选，选了为什么又不要”的混乱感。这会让大脑怀疑自己到底能不能控制自己的行为。所以，大脑为了让自己的认知和行为保持一致，会做出与选择一致的行为——写语文作业。

多巴胺行为句式

多巴胺在强化决策和选择行为的时候，采用的行为句式是“有目的地积极选择”。高效运用这个多巴胺行为句式的方法是，为人们打造“自控变量”。

在此我们需要搞明白一个问题，是不是决策和选择的空间越大越好呢？决策空间的大小与大脑获得的快感是成反比的，选择空间越大，大脑获得的快感越少。因为大脑要的不是真正的选择，而是自主的感觉。给大脑提供的选择应该控制在有限的范围内。比如选择左右滑屏还是上下滑屏，选择A还是B等。这样的限度给了大脑自主感，同时也可以触发积极行为。所以，给大脑提供的选项最好不要超过三个，选项越多，越容易触发决策焦虑。因为大脑总是希望全要，而选择就意味着要放弃，放弃那些没有选择的选项，会唤醒大脑的放弃焦虑。一旦唤醒大脑的决策焦虑，那么被迫感就会来袭，人们的积极行为就会被抑制。

9. 多巴胺在塑造不一样的你和我

无论多巴胺是在强化目标，还是在强化关联，又或者是在强化过程，都是在对自我进行强化，也就是自我强化。多巴胺的强化功能是服务于“自我”这个对象的。在回答“什么是自我强化”之前，我们要先回答“大脑为什么要自我强化”。答案是不确定，因为自我就是不确定的。

每个人来到这个世界上都是不确定地诞生的。我们不知道自己是谁？要去哪里？要做什么？每个人的自我都是不确定的。面对这样的自我，我们需要借助一切方式来让不确定的自我变得确定，变得有意义、有价值。

人生是一个让不确定的自我显化的过程。人一出生就开始显化，不断长大，学习行走和说话，学习各种知识和技能，拥有不同的事物，体验不同的生活。自我显化的过程就是被多巴胺强化驱动的。释放多巴胺就是在对目标和行为进行强化，反复释放多巴胺就是在反复强化，目的是为了强化目标和行为与自我的关系。多巴胺通过强化告诉我们，我们应该喜欢什么、看重什么、拥有什么、追求什么……通过什么方式和渠道去连接哪个确定的自我。人是被不确定驱动的生物。我们的大部分意志都是为了将不确定变为确定。

什么是自我强化？自我强化就是增强自我体验和感受，提升自我意识，与自我进行连接的方式。自我强化，简单的理解就是强调我是谁，我是什么样的人，是怎样一种存在。

自我是在大脑的不断强化下被塑造的——你拥有的、你喜欢的、你追求的、你认为重要的、你的习惯、你的性格等都是大脑强化的结果。大脑的不断强化才使本来不确定的自我，渐渐变得确定、清晰、可见、可感、可知。

在生活中，我们追求的任何感官刺激，比如辣、甜、性快感、鲜艳的颜色、动感的音乐等都具有自我强化功能。以辣为例，我们吃辣的时候，强烈的感官刺激会激活多巴胺。辣的刺激唤醒了我们对自我的感受，让我们感受到，自我在以某种状态存在着。特别的感官感受等于特别的自我。如果吃饭的时候不放辣椒，我们就会感觉淡而无味。无聊、无趣、无味会让我们对自我无感。所以，我们会不断地寻求那些好看的、好玩的、好听的、好吃的，来进行自我刺激，体验不同的、强烈的自我。

正是辣的刺激功能，让大脑喜欢上辣的感觉，人才对辣产生了兴趣和需求。

你喜欢什么？你追求什么？那都是你寻求自我刺激的渠道和工具，都是你感受自我的方式。

同样的，我们在锁定目标和实现目标的过程中，体验的目标感、重要感、确定感、价值感、意义感、进步感、掌控感、自主感、驾驭感、咫尺感、期待感、紧张感……都是从不同的维度在对自我进行强化和刺激。

自我强化就是将不确定的自我变得确定的过程。每个人生下来就如一张白纸，一切都是不确定的。自我强化就是在这张白纸上一笔一笔勾勒出自我的过程。多巴胺通过强化塑造了不一样的你和我。

10. 多巴胺是驱动行为的可能因子

自我强化是让我们去连接美好的、有价值的、可掌控的、自主的自我。那么，是什么在向大脑发送连接信号呢？是什么在召唤大脑去连接呢？答案是可能。可能使确定存在，但是，还没发生。**拥抱可能的行为就是让可能发生和变成事实的触发因子。**事物和行为中承载的某种可能，在召唤我们与自我进行连接，连接的行为就是让可能变成事实的触发器（见图 1-10）。所以，可能才有了召唤和驱动行为的功能。比如一件浅蓝色的衣服，你感觉穿上它会显得自己更白了。让你更白、更漂亮就是这件衣服承载的可能。衣服承载的这种可能在向大脑发送连接信号，驱动你去穿这件衣服。因为穿衣服这个行为就是将更白、更漂亮的可能变成事实的方式。这样一来，这件衣服就有了自我强化的功能，它可以让我们成为美好的自我。可能在没有发生之前都是可能，可能只有在驱动和触发我们拥抱可能的行为时，才会变成事实。这就是为什么可能可以驱动行为的深层原理。

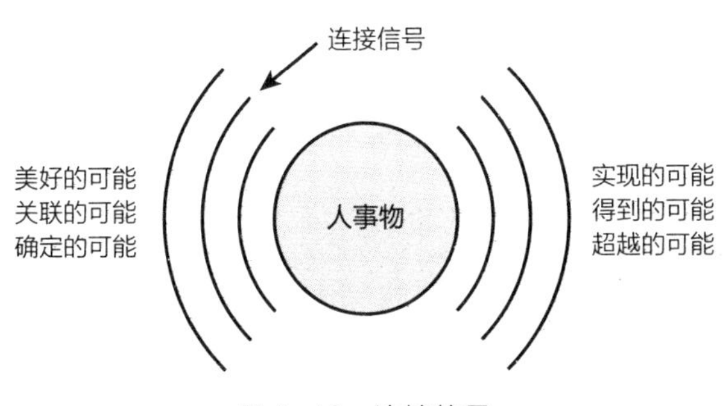

图 1-10 连接信号

我在《多巴胺商业》中阐述过，多巴胺转成了某种可能才会驱动人们的行为。多巴胺释放时给大脑制造了美好的可能、关联的可能、确定的可能、实现的可能、得到的可能、超越的可能。这种可能在驱动我们与自我连接——体验自我和感受自我。拥抱可能的行为就是在与自我进行连接。没有多巴胺的赋能，我们就无法从人、事、物中感知到可能。没有可能，大脑就会无动于衷。多巴胺之所以能驱动我们的行为，是因为它在围绕事物给大脑制造和开启可能。

你会发现，多巴胺在对目标的各种状态进行强化时，采用的多巴胺语言都是在围绕目标开启某种可能。“不确定，再来一次；可能错过，可能失去；如果怎样，将会怎样；更进一步，下次一定；就差一点，再来一次……”所有多巴胺语言都在为大脑构建某种可能，比如确定的可能、美好的可能、实现的可能、得到的可能……可能性将大脑与目标连接在一起。

人是被可能驱动的生物。所有商品都在向大脑兜售某种可能。保险业是最典型的一种售卖“可能”的行业。车险推销员总是在强调：“万一剐蹭呢？万一车坏在路上呢？”他们推销的核心就是为顾客构建和提出各种可能性。大脑分不清什么是可能，什么是事实。一旦大脑感知到某种可能存在，就会渴望处理它。这样一来保险就成了消除这种潜在可能的解决方案。

我们那些重大的消费行为，看似非常理性，本质上都是被某种可能驱动的。我身边就有这样的实际案例，朋友相信了销售人员的忽悠——高层的住宅视野好、采光好、噪声少。为了这种美好的可能，朋友买了 31 层的住宅。结果住进去之后，全家人的噩梦就开始了，每天早上等电梯需要十几分钟，甚至有时候电梯来了都挤不上去，只能等下一趟。从那以后伴侣每天埋怨她。最终，她迫不得已把房子卖了，换成了低层。

大到人生追求，小到举手投足，我们的行为都是被自我的可能驱动的。你买彩票，是因为它为你提供了一种可能——你有可能一夜暴富……不管我们相信什么，都是因为它为我们开启了各种可能。我们是被事物和行为中承载的可能驱动的。

我为什么一直在强调是可能在驱动行为，而不是事实？因为我们的所有意志都是指向未来的。当我们感受到它的瞬间，它就已经溜走了。我们此刻产生的所有意志都是指向下一刻的。下一刻是什么呢?下一刻在没有到来之前都是可能。我们想对当下发生的事情做些什么，都是指向下一刻的。比如，你在吃了一口蛋糕，感受到美味的同时，美味也在随着时间一点点消失。我们想要重复体验美味就需要重复吃蛋糕。重复感受的渴望和意志在没有发生之前都是可能，有可能感受到，也有可能感受不到。

在当下我们有无数可能，自我强化的意志驱动我们去拥抱哪种可能，我们的自我就会显化为哪种事实。我们拥抱可能的模式塑造了真实的你和我。

第二章

多巴胺塑造了我们的“超越力”

1. 戒断多巴胺你就“废”了

我们要想让大脑为了一个目标，全力以赴地、自觉自动地、快乐地、持续地行动，就需要知道多巴胺会对什么样的目标进行强化。

我们说过，是多巴胺选择了果汁，而不是果汁唤醒了多巴胺。那么，多巴胺为什么将果汁定义为奖赏，为什么让果汁变得重要？多巴胺强化机制背后的深层原理是什么呢？答案是多巴胺会选择对那些能够超越自我局限的事物进行强化。我曾在《多巴胺商业》中和大家分享了四种局限，它们分别是：身体的局限、时空的局限、社会的局限、价值和意义的局限。能超越这四种局限的事物和行为才能得到多巴胺的“偏爱”（见图 2-1）。

这里我们要强调一点，很多时候，我们感知到的局限，更多的是一种自我感觉和感受，而不是事实。自我局限是与自我意志和执念并存的。自我局限是自我意志

图 2-1 有效目标的四种超越

和执念受到限制时产生的一种负面感受和情绪。比如，你工作一会儿就会困，为了突破这种局限，你会喝咖啡。困之所以成为你的局限，是你想要长时间保持一种清醒和高效的状态，这是你的执念。因为这样的执念，困才成了你的局限。还比如，你很想买一个名牌包包，但是兜里只有几百元，这时你也会感受到局限，因为你的需求与能力不匹配。

不是、不能、不知、没有、不确定、不变、不对、不好、不会、无价值、无意义都会激发我们的局限感。局限感会让我们感觉自己既没有掌控感也没有价值。多巴胺强化就是为了让我们摆脱这种负面的感觉，让我们在感到困的时候，驱动我们去喝咖啡提神；让我们在想要名牌包时，去努力挣钱。多巴胺是我们超越自我局限的动力。多巴胺强化的终极目标是超越局限。所以，多巴胺塑造了我们超越的能力。

我们从事物中感知到的超越局限的可能是多巴胺开启和渲染的。比如玩游戏时，你总感觉差一点就可以通关了。“差一点”的这种感觉就是多巴胺渲染的。多巴胺让我们看到自我的更多美好可能，让我们活得更有希望。

很多人对多巴胺的认知是片面的，动不动就说：“我要戒断多巴胺。”我想说的是，你戒不掉，因为多巴胺不允许你这样做，我们的行为受制于多巴胺。如果你真正洞察过自己的行为，你会发现，你的行为都在多巴胺模式里。每个人都受制于多巴胺。多巴胺的核心目的是自我强化——保护、表达、实现自我。你能想象，如果你失去这些能力将会怎样吗？你既看不到可能，也无法得到自己想要的，更做不到自己想做的。

2. 多巴胺让我们无所不能

超越肉体

我们的身体需要食物来补充能量才能正常运行。对食物的依赖就是身体的局限。大脑对食物的需求是最基本的需求。所以，多巴胺最容易对食物进行强化。就像猴子喝到果汁会释放多巴胺，因为果汁能够让身体获得维系生命的营养，从而超越身体局限。所以，多巴胺才将果汁定义为奖赏。

我们的身体状态是不可持续的。我们会累、会困、会饿等。当我们想要持续地做一件事情时，大脑会累。这时那些能够让大脑超越局限的事物就会得到多巴胺的偏爱，比如咖啡、烟等。因为这些事物能帮助大脑突破局限，继续精神满满地工作。所以，这些事物会得到多巴胺的强化。

身体具有适应性，再好的食物，只要我们反复食用，也会感觉乏味。乏味会让大脑感觉无味、无趣、无聊。适应性是身体的局限。能够让大脑摆脱这种局限的事物也会被大脑强化，比如牛肉酱、辣椒酱、番茄酱等调味品，就成了摆脱这种局限的事物。那些对身体感受发挥调节功能、让大脑产生强烈感官刺激的食物，也会得到多巴胺的强化。

身体存在生老病死的局限。面对肥胖、病态、衰老，大脑渴望超越这种局限，这时对各种化妆品、营养品、减肥药、瑜伽、整形技术等的需求就出现了。多巴胺会强化这些事物，驱动我们借助这些事物来超越自身存在的局限。

多巴胺偏爱能够减轻身体疼痛的事物。神经科学家通过一项精神疾病的研究发现，在患者的大脑中植入电极，患者按动电极连接的开关，电极的刺激可以减轻患者的病痛。结果发现，患者一整天都沉迷于按压开关，以此来减轻身体上的痛苦。患者沉迷按压开关，是因为按压开关可以帮他减轻痛苦。很多能让大脑沉迷的事物都能减轻身体的痛苦。多巴胺会通过不断强化这些事物让大脑沉迷，这也是有些人会对药物成瘾的根本所在。

不仅是身体的痛苦，多巴胺也会强化那些能够帮我们摆脱精神痛苦的事物。比如，有些人在焦躁不安的时候喜欢听音乐、喝酒、吸烟等。

大脑喜欢寻求刺激。刺激具有超越性，可以让我们的身体和自我超越常态，体验到不一样的感觉。大脑有时感到无聊、无趣、无助，是因为生活的一成不变和毫无可能会让我们有一种堕落感和迷失感。当大脑感受到刺激时就超越了常态。我们的身体有各种各样的局限，凡是能够让大脑突破局限的事物都会得到多巴胺的强化。

超越平庸

人类归根到底是社会性的存在。不管自我以什么方式存在，最根本的属性是社会性的。自我的根基是社会性。脱离社会性，自我就不存在了，最起码没有现在的状态。社会性是人类的一种局限。人类毕生都在努力超越这种局限。那些能够让大脑突破社会性局限的行为和事物都会得到多巴胺的强化，目的是为了让人们更好地适应生存环境。

人作为社会性的存在，固有的局限就是不平等。别人一出生就有各种社会资源，而你却需要不断地努力才能获得别人所拥有的。别人的资源唾手可得，而你百般努力也不一定能得到。所以人与人之间总是存在各种差别，财富的差别、权力的差别、身份的差别、相貌的差别等，这些差别都是人的社会性局限。与大多数人保持一致，才有安全感。社会性的安全感是我们作为社会性动物的基本需求。

现代人追求的安全感更多是社会性的，而不是关乎自身生存的。社会性的局限导致我们害怕孤独、孤立、排斥，渴望被接纳、被肯定、被认同、被爱、被关注。

研究发现，得到他人的夸奖、赞美、认同，大脑会释放多巴胺。多巴胺在强化这样的行为，多巴胺让我们多做这样的行为，让我们更好地融入社会。多巴胺塑造了我们适应社会的能力。没有多巴胺对行为的强化，我们不知道该如何与他人交流和互动，无法与他人形成有效交流的模式。社会互动就是彼此的自我强化。

当然，人们借助他人进行自我强化并没有使人们融入人群，反而与他人进行了区分，从人群中分离了出来，寻求自我的独特感、优越感。人们是寻求认同还是独特？这要看什么能体现自我价值。我在《自增长》中讲到自驱力的八张画像，其中“共性我与个性我”的自我画像就涉及我们根据所处的环境自动调节自我强化的策略（见图 2-2）。什么有利于体现自我价值，大脑就会选择什么来进行自我强化。

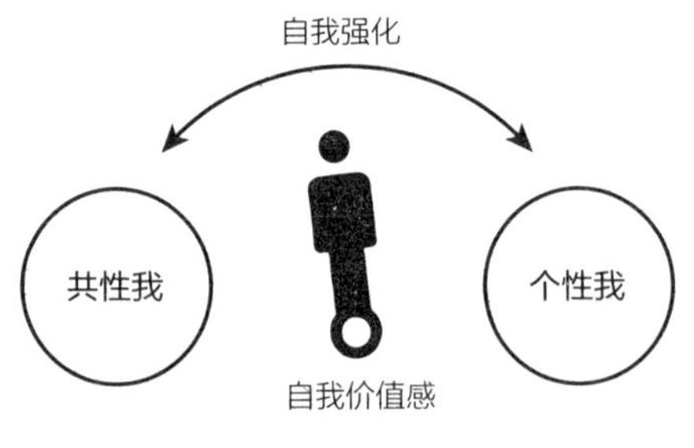

图 2-2　价值感的自我强化

杰佛瑞·列奥纳德利（Geoffrey Leonardelli）和玛丽莲·布鲁尔（Marilynn Brewer）曾做过一项研究。他们让被试凭直觉说出屏幕上圆点的数量，然后告诉被试，**大多数人**都高估了屏幕上圆点的数量，只有**少数人**低估了这些数量。随后研究者随机将被试分为两组。告诉其中一组他们低估了圆点的数量，而告诉另一组他们高估了圆点的数量。研究者并没有说高估或者低估代表什么意义。被试只知道自己属于大多数人还是少数人。结果发现，知道自己属于大多数人的被试，自信心受到了打击，产生了负面的自我感觉。这个实验证实，人们习惯性地认为自己是与众不同的、独特的，是少数的存在。一旦将自我归为大多数，自我就会产生排斥，认为自己是普通的，没个性的。因为人们普遍认为大多数人是平庸的、平凡的。

大脑超越社会性局限的方式有两种，一种是渴望成为别人；另一种是渴望与别人不一样。这看似是矛盾的，但是大脑却能做到。大脑对自我独特性的寻求就像指南针，会随情景和环境变化自动调整，以此来感受自我的独特性。比如，在学校里，你很少用“学生”来强调自己的身份，而是会强调自己是学习委员、运动健将等。走出校园，你会强调自己的学生身份。寻求独特性的意志，促使自我在不同的情境下，强调自我不同的身份，以此来强化自我的独特性。这就像玩游戏，我们和队友完美配合，一方面是为了更好地融入团队，得到大家的认同；另一方面是为了在团队中脱颖而出。

社会就是人借助他人进行自我强化的游戏。超越他人就是在超越平庸。多巴胺会强化那些能够得到他人认同、肯定，以及能够体现自我价值感、独特感和优越感的行为。

超越无价值

生命的意义是被我们赋予的。你选择什么样的活法，就赋予了生命什么样的意义。所以，无聊、无趣、无方向、无可能是我们生存的基调。生命的过程就是超越无意义局限的过程。

普通的事物，一旦被赋予价值和意义，马上就会变得重要，马上就会超越它的实际价值和意义。我女儿的小学老师经常会奖励孩子们一些贴纸。这些贴纸只是普通的贴纸，但是孩子们都很看重这些贴纸，也非常渴望得到贴纸。他们会向家人和同学炫耀自己今天得到了多少贴纸，还会与同学比谁的贴纸多。孩子们之所以把这些普通的贴纸看得重要是因为这些贴纸被赋予了特殊的意义。比如只有学习好、纪律好、上课积极回答问题的小朋友才能获得贴纸奖励。这些贴纸成了能力的象征，得到贴纸意味着自我实现了超越，意味着自己更优秀、更有价值。这些贴纸成了自我强化的工具。

所有让大脑感觉有意义和有价值的事物都会得到多巴胺的偏爱。让普通的事物变得有价值是我们将其情感化和人格化的结果。一旦事物被情感化，有了好坏、美丑之分，大脑就会知道事物能否为我所用。比如“元气满满能量水”，就带着正面积极的情感，它就不再是普通的水，就成了超越局限的工具，会得到多巴胺的偏爱。我在《带感》中深入地阐述过如何赋予普通的事物情感，来驱动人们的行为，大家如果感兴趣可以进行延伸阅读。

人格化是将事物拟人化，赋予事物与人一样的属性。比如战斗蓝、青春绿、抑郁灰……以这种人格化名词命名颜色，就是将颜色人格化了，因为它们被赋予了某种人格属性；为品牌的 LOGO 赋予一些意义，比如热情、神秘、快乐、梦幻、强大等，这也是在将品牌符号人格化。这样做就赋予品牌灵魂和生命力。人格化让普通的事物有了与自我连接的基点，成了自我强化的工具。

那些带有鲜明情感和人格特征的事物和行为都会成为多巴胺偏爱的对象。因为它们让自我突破了无意义的局限。

超越渺小

我们只能活在当下。大脑要的是可能，而当下是事实。那事实是什么？是确定、既定、肯定，这其中没有可能。我们想要可能就需要超越时空的局限。所以，多巴胺会强化那些能够让我们超越时空局限的事物。

时空的局限导致大脑抗拒当下的现实，因为它毫无可能。大脑无限渴望未来更美好的理想自我。为什么人们那么依赖美颜、整容、化妆等，因为大脑追求的是更加理想化的自我，并不是在追求自我的事实。这种商品和技术可以让大脑暂时超越当下的局限，连接到既美好又理想的自我。

现在的大龄单身男女为什么越来越多，原因就是人们的择偶标准理想化了。大多数人择偶的标准更多是根据自己的现实，虚构出了一个完美而理想的对象。结果就是，大家都活在自己的理想之中，追求理想中的对象。这就导致大家无法接受现实中的人。我们都掉进了大脑虚构的理想世界里。但是，那个理想世界并不存在。

我们生活在现实世界里，平凡是大多数人的常态。为了超越平凡，大脑喜欢迪士尼、漫威、哈利·波特这种虚构的世界。因为迪士尼将我们带入了超越现实的童话世界，漫威将我们带入了超越平凡的英雄世界，哈利·波特将我们带入了超越自身力量的魔幻世界。这些虚构的世界都实现了对平凡世界的超越。所以，人们渴望进入迪士尼乐园、看漫威出品的电影，购买它们的周边产品等。大脑渴望通过这些虚构的事物体验到自身局限被超越的感觉。

时空的局限导致人们想要逃离家和公司这种常态化的空间。家和公司的空间一成不变，让人们感到无聊、无趣。人们渴望进入超常态的空间。KTV、俱乐部、酒吧、咖啡厅、电影院、啤酒屋等，这些空间也被称为超越家和公司之外的第三空间。这些空间的打造方式都超越了常态场景，进入这样的空间可以让压抑的心情得到释放和调节，可以让人们暂时摆脱空间的局限。你会发现有的人整天待在咖啡厅里，有的人在地铁里看书，等等。其实，如果我们换一个场景工作、学习，会带给大脑不一样的体验，会提高我们的效率。这是因为超越空间局限的方式得到了多巴胺的强化。

还有一些对“微空间”的超越也会得到多巴胺的强化。床、办公桌、沙发等都是微空间，对这些空间进行创新也能让人们有超越感。有些达人专门打造各种微空间，比如把床做成方便面样子，把卧室做成怪兽屋，把沙发做成咖啡杯的样子，等等，这都是对微空间的改造，它会让人们非常享受这样的场景（见图 2-3）。

图 2-3　差异化的设计

时空的局限也给我们制造了另外一种局限——认知局限。我们只能活在当下的时空里，对这个世界的认知存在局限。通过不断学习，这样的局限会被一点点突破。提升自我的认知就是在超越时空的局限。提升人们认知的市场潜力巨大，因为人们有超越自我认知局限的需求。提升自我认知的事物能得到多巴胺的强化，因为它们可以让大脑连接到更加强大的自我。

3. 多巴胺生态超越不可持续

超越局限是多巴胺锁定有效目标的原则。有效目标是人们做出积极行为的基础。但是有效目标，不一定能够持续驱动人们做出积极行为。比如专注学习的确可以提升成绩，但是我们就是无法全身心地投入……所以，有效目标不一定是可持续的目标。多巴胺语言更多用于目标处于不同状态时，唤醒多巴胺对目标的强化，驱动人们做出积极行为。所以，它对人们的积极行为的驱动更多是针对性的，同样不可持续。

多巴胺具有生物属性，它总是随着刺激和需求出现。这也是多巴胺自身的局限——它对目标的强化是不可持续的。在成长的过程中我们总是会对各种事物痴迷，但是随着时间流逝我们就会失去兴趣。原因就是多巴胺不再对它们进行强化。我们再看到它们的时候，不产生多巴胺了。那些能让我们认为重要和有价值的事物，都是被多巴胺持续强化的结果。当有一天多巴胺不再对它们进行渲染，大脑就会对它们失去兴趣。

由于多巴胺强化的不可持续性，我们要想让多巴胺持续强化一个目标，就需要让目标具备能够持续唤醒多巴胺的能力，要围绕目标打造多巴胺生态。一个品牌、一个产品、一个APP、一个社群等，一旦形成多巴胺生态，它就具备了持续对用户产生黏性的能力。打造多巴胺生态就是围绕目标进行空间管理和反馈管理。

目标没有持续地为大脑开启可能，就无法持续地驱动人们做出积极行为。围绕目标开启空间，目标才能持续制造可能。空间是可能的代名词。有空间，自我才有方向、有可能、有前进的动力。就像一颗种子，只有在获得水分和土壤、阳光的基础上才会持续生长。而持续的水分、土壤、阳光的供给就是围绕种子开启的空间。所以，围绕目标和任务构建的空间是多巴胺持续强化的触发因子。围绕目标可以开启的空间有四种，他们分别是动态空间、自主空间、表达空间、增长空间。这些空间都在不同的维度开启可能。

另外，要想让目标持续触发人们做出积极行为，还需要人们在与目标互动时，进行反馈管理。人们在实现目标的整个过程中时刻面临着挫败。挫败是抑制人们积极行为的重要因素。如果不能对反馈进行有效的管理，人们很容易放弃目标。围绕目标的反馈管理分为风险转化管理、能力匹配管理、反馈效果管理。反馈管理是保障持续引导人们做出积极行为的强化因子（见图 2-4）。

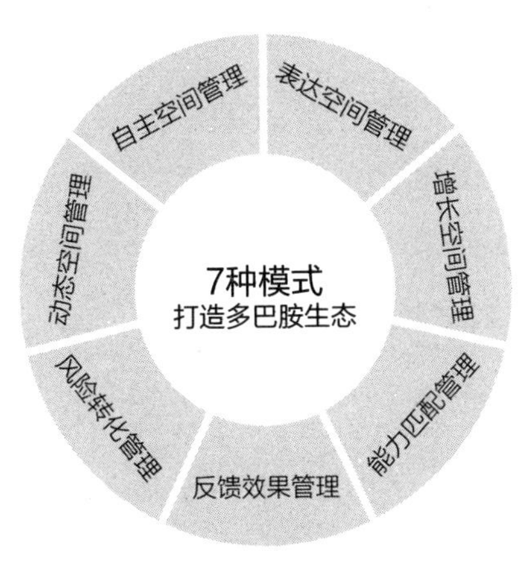

图 2-4　打造多巴胺生态的 7 种模式

我们只有科学、高效地运用四种空间管理和三种反馈管理，围绕目标的多巴胺生态才能打造成功，目标才具备了让人们持续沉迷的“瘾”力。

第三章

持续唤醒多巴胺的第一种模式：动态空间管理

1. 动态化是我们持续渴望的路径

多巴胺的核心功能是强化。强化是对不确定、不稳定、不可持续、未知、没有得到、没有满足的目标和行为进行强化。围绕目标打造动态空间，就是为了让目标处于动态和不确定中。处于动态空间中的目标，满足了多巴胺持续强化的多个条件：不确定、新鲜、不满足、动态。动态空间中的目标可以持续唤醒多巴胺的强化功能。所以，当你想要让大脑持续强化目标和行为时，就要围绕目标开启动态空间管理。

开启动态空间管理就是在围绕目标制造可能。有可能的目标才能持续吸引大脑关注。我们来思考一个问题，在你所处的环境中，什么东西让你关注最多？让你时不时就想要看一看它？你会发现，这个总是能引起你关注的东西一定是处于动态中的，比如你养的猫、鱼等。猫、鱼等，它们都有一个共同的特点，就是它们都处于动态变化中。你一会儿不关注它们，就会产生新的可能——不在原来的位置、不是之前的状态等。面对动态的事物，大脑总想知道它们发生了什么变化。

你也可以看看，你的手机桌面上那些令人眼花缭乱的 APP，哪些是你时刻关注的。你会发现，你时刻关注的那些 APP 都是动态性比较强的，比如微信、抖音。你总是想看看朋友圈又发生了什么，谁又联系自己了；抖音上有什么新段子、热点等。一个 APP 如果动态性不强，它对用户的吸引力就会非常有限。那么，在一款 APP 中，什么信息和板块最吸引你呢？还是动态性比较强的。比如在京东购物，你更多关心的是你购买的产品的物流信息、限时抢购、新品发布等动态性比较强的板块。所以，处于动态中的事物总是会吸引人的关注，因为它们承载着可能性。

同样的事物，让其处于动态中，就会得到多巴胺的持续强化。这就好比你每天送女友花，她就会认为理所应当。你要想总是让女友开心，就要将送花的行为导入动态中，比如偶尔送花、送不同的花、送不同的礼物等。将送花的行为导入动态模式中，才能持续得到多巴胺的强化，女友才会持续渴望收到花。这就是通过动态调节送花的行为，让其持续有效。

再问大家一次，是什么向大脑发送连接信号？是可能。当事物没有承载可能的时候，它就没有向大脑发出连接信号。而能让事物承载可能的就是围绕事物开启动态空间，有空间才有可能。只有充满可能的事物才能得到多巴胺的持续强化。

2. 会制造感差，你就是高手

动态空间是通过对目标进行动态调节来实现的，而动态调节的目的是给大脑制造感差。感差就是通过动态调节为大脑制造新与旧、大与小、多与少、涨与跌、得与失、强与弱等差异和变化。大脑感知到的可能是由差异、差别、落差开启的体验。有感差才能唤醒多巴胺的强化。要想成为调控多巴胺的高手，就要先成为制造感差的高手。当你真正意识到大脑要的是感差时，你就掌握了创造价值的核心方法。

为大脑制造感差有两种模式，一种是外在事物的动态变化为大脑制造的感觉上的差异。比如有些购物平台的产品价格在涨和跌之间不断变化，给大脑制造了感觉上的差异。还比如买咖啡店的咖啡，你可以自己控制奶的多少、糖的多少、咖啡的浓度等，这也是在制造感差。手机品牌和汽车品牌每年都会推出新款产品，其实新款产品并没有革新的技术，更多是一些外观的变化和技术的改进。它们这样做也是为了给用户制造感差。另一种是身体的动态变化为大脑制造的感觉上的差异。比如坐过山车，人们的身体随着设定好的轨迹运动，给大脑制造了动态的感觉。我们自身的状态在发生变化，而外在轨迹是相对稳定不变的。这种制造感差的方式，是很多食物的口感不变，而大脑依旧迷恋的深层原因。比如肯德基、星巴克、可口可乐等，一直在追求稳定的口感和味道。它们虽然一成不变，但大脑依旧迷恋，是因为我们的身体状态在发生改变。我们吃的时候即使大脑得到了满足，随着身体状态的变化，大脑也非常渴望那种味觉刺激。我们的身体状态的变化导致我们对肯德基和星巴克的感觉也在变化，那种确定的感觉来了又消失。

当这两种制造感差的模式交织在一起的时候，带给大脑的刺激会更加强烈。你知道为什么很多人喜欢滑雪吗？就是因为滑雪者每次滑的路线都存在差异，滑雪者的身体状态和姿态也存在差异。当两者都处于动态时，大脑的感觉充满了刺激，有无限可能。

动态调节机制主要是围绕人们的感受展开的。新、旧是人的感受，因此才有了手机的更新换代。吃饱又饿是人的感受，因此才有了我们对同一种美食的持续消费。现代商业创造价值的核心是围绕人们的感知状态制造感差。现在的汽车大部分都有座椅加热功能。当你冻得浑身发抖的时候，一屁股坐在热热的座椅上，这种冷热的反差会激活大脑的愉悦回路，让座椅与大脑建立感官连接，从而让你对品牌产生好感。

所以，要抓住人们在不同场景中的感觉状态，才能知道在这种情景中人们渴望什么感觉刺激。这样的话，我们制造的感差才会得到多巴胺的强化。比如，冬天女友让你去便利店给她买一瓶水，你特意从保温柜里拿了一瓶温热的水。女友拿在手的瞬间就会感觉到你是个细心体贴的人。这种感差就会唤醒她的多巴胺——更喜欢你。

没感差，大脑就没感觉，没感觉就没可能。没可能，大脑就没有强化和连接的冲动。感差与可能关联在一起，密不可分。

3. 让人们持续渴望的5种感差

感差是通过动态调节产生的。所以，动态调节的模式就是打造感差的方法。接下来我和大家分享 5 种动态调节的模式，分别是：限量式、递增式、波浪式、交叉式、不确定式。

限量式感差

动态调节中最简单的方式就是限量式，是指一种感觉刺激，通过限制获得的量，不让大脑快速满足和确定。最常见的就是吃瓜子。为什么人们沉迷于吃瓜子，而且收不住。原因是瓜子很小，每次吃到的瓜子仁就那么一点儿，这让大脑对瓜子香脆感觉的刺激无法被满足，不满足就唤起了大脑对瓜子的渴望。结果就是一直不满足，一直渴望吃瓜子。不让大脑对一种美好的感官刺激满足，就会唤醒多巴胺对它的持续强化。结果就是，你一吃就停不下来。如果给你一把瓜子仁，你吃几口就会满足，因为它让大脑充分感受到了这种感官的刺激。

限量式的动态调节模式还能减少大脑的厌恶感和罪恶感。现如今，各种美食都采用了多巴胺模式，让大脑欲罢不能。当人们日益肥胖的身体与贪吃的嘴发生冲突的时候，如何减少人们的厌恶感和罪恶感就成了一件非常重要的事情。而限量式的动态调节能调节大脑的这种感觉。有一家做甜点的连锁店就巧妙地利用了这一点。它家的糕点看上去都很蓬松饱满，但是实际就一小口。这让那些想吃又怕胖的人，既解了馋又没有心理负担。近些年，小罐可乐之所以会受到消费者的欢迎，也是同样的道理——通过限量调节减少人们喝可乐时的“罪恶感”和“厌恶感”。

我们要记住一点，多巴胺强化的核心目的是固化连接。固化就是满足、确定、稳定。如果我们通过限量不让目标固化，那么多巴胺就会持续地驱动我们与目标连接。这就好比你希望一头牛自觉地跟你走，就不要让它把你手中的草一口吃掉，要让它吃一口就向前走几步，这样才能持续地牵制牛。多巴胺对目标进行强化的原理也是这样。限量式动态调节的原理是少而精——刺激强烈但是短暂，目的是不让大脑对一种刺激快速满足。

递增式感差

第二种动态调节模式是递增式，也就是围绕目标制造阶梯式上升和增长的感觉。递增模式会让大脑处于得失的交替之中。大脑盯上一个目标后，多巴胺会告诉大脑“如果实现，我就会满足、如愿”。当大脑实现目标后，如果目标升级了，就等于否定了大脑抓住的目标，破坏了满足感。新目标的出现就是对现有目标的贬低。自我追求的是更好，当目标变得更好时，就会激发大脑对目标进一步强化。这就像猴子摘桃，只要猴子看到更大、更红的桃子，就会毫不犹豫地扔掉手中的桃子，去摘那个更大、更红的桃子。这就是大脑强化新目标驱动的行为。目标不断变得更好的状态会得到多巴胺的持续强化。

看到这里你是否明白，为什么苹果手机一直在推出新款？为什么很多汽车品牌每年都要推出新款？这就是在告诉大脑“更好，不是你拥有的，而是你没有的”。让大脑感觉最好的永远是货架上的新款。

华伦天奴的创始人瓦伦蒂诺·加拉瓦尼在接受记者采访的时候说：“我很了解女性，我知道她们要什么。”记者就追问他：“女人要什么呢？”他说：“美丽，女人要美丽。”他说得没错，但是并不确切。女人是要美丽，但是如果女人要的只是美丽，就证明美丽是有标准的，只要达到这个标准，人们就会满意，就会停止追求。那么他只要按照这个标准去设计美丽的衣服就可以了，为什么还要不停地设计新款的衣服呢？从事实来看，女人要的是“更美丽”。他要做的就是“让女人变得更美丽”。那么，更好、更美丽在哪里呢？在新款中。

要想激发多巴胺持续强化，就要不断地导入更新、更好、更高的目标。递增式的调节机制符合多巴胺强化目标的语言“我离如愿只差一个新款，我离美好只差一步”。这样的感觉和认知会驱动人们的积极行为。

波浪式感差

波浪式动态调节的模式，是通过升降、涨跌、起伏的变化给大脑制造感差，从而激活多巴胺对目标的追踪强化。这种动态变化让大脑感觉有从中获利的可能。动态变化的目标会得到多巴胺的不断强化，驱动大脑寻找变化的规律和模式，从而实现利益的最大化。

我们会发现很多在线购物平台的产品价格总是在变，今天涨了，明天降了，后天又涨了。这样的话，多巴胺就会驱动大脑去寻找降价的时刻。因为在变化中有利益最大化的可能。如果没有变化，就等于一成不变。人们就会什么时候需要，什么时候购买。如果有了涨跌的动态调节模式，大脑就有了发挥的空间，就会想要抓住利益最大化的模式。这时多巴胺对目标的持续强化，就不再是强化商品本身，而是强化利益最大化的模式。这样的结果就是即便很多产品没有用，看到降价人们也会有购买的冲动。这就是动态调节的模式在驱动购买行为。

在目标中导入波浪式动态调节模式，多巴胺要强化的就不再是目标，而是动态模式。大脑会试图通过对模式进行掌控来对自我进行强化。只要动态模式存在，大脑就会始终渴望掌控，就会不停追着模式奔跑。

很多人之所以会炒股票、买期货、投资艺术品等，就是因为这些市场中存在波浪式动态机制。大脑认为只要自己能掌控涨跌的模式就能将利益最大化。动态调节的机制激活了多巴胺强化涨跌模式的动力。

交叉式感差

交叉式（又名多感交叉）是制造感差的一种重要方式。什么是多感交叉呢？就是不以某种感觉为主导，而是以多种感官刺激交织在一起。比如酸、甜、苦、辣、咸交织在一起。这样的动态调节模式避免了大脑快速适应某一种感觉，可以让大脑对目标保持更长时间的新鲜感。多种感觉交织在一起的感官刺激，让大脑对某种感觉无法满足和确定，这会唤醒多巴胺的持续强化。

多感交叉有两种模式，一种是同时感受到多种感觉，让感觉变得复杂。比如吃汉堡，一口咬下去，既有鸡肉的滑嫩、生菜的爽脆，还有番茄的酸甜和奶酪的丝滑，这些感觉刺激是极其丰富的。这样的味觉刺激超越了平时我们吃的单一的甜和单一的酸的味觉刺激。

很多人都喜欢吃薯条。其实薯条本身已经很香脆了，为什么还会撒上盐，配上番茄酱呢？这也是为了制造香、脆、酸、咸的丰富味觉体验。我们看很多零食的配料表，就会发现，其中甜的调味剂就有三四种，酸的调味剂就有两三种，香的调味剂就有两三种。这样的调味方式就是为了制造多感交叉的体验，让感觉的刺激更加丰富和鲜明。

多感交叉的另一种模式是不同的感官刺激交错发生的，比如先是甜，然后是酸，再后来是香……研究发现，多种对比鲜明的感官刺激交错发生，可以刺激大脑释放多巴胺，让人们愿意吃更多。这种感官刺激更不容易让大脑产生饱腹感和厌恶感。多感交叉的零食就是多巴胺零食，比如混合包装的干果，其中有巴旦木、蓝莓、花生、腰果、枣干等混合在一起。这种零食给大脑制造了多种味觉刺激的鲜明对比。当人们吃到一个巴旦木的时候会体验到香脆的感觉。如果反复吃到巴旦木，那么香脆的感觉就会越来越弱，最后形成厌恶感。如果吃到巴旦木后接着吃到蓝莓，那么这种香脆的感觉就会被调节，让大脑对其不容易产生适应性。同时香脆和酸甜的感觉形成了强烈的反差，也让味蕾得到充分的刺激。这样的混合包装会让每种口感在较长的时间内保持新鲜的刺激，从而驱动人们吃得更多。

多感交叉有两个目的，一是制造超越常态的感官刺激。通常我们的口味比较单一，没有那么复杂，多感交叉为大脑提供了复杂的感官刺激。这样的刺激本身就有超越性。二是采用多感交叉的方式，更多是在对某种感官刺激进行限制，避免大脑对食物快速产生满足感、厌恶感、确定感。

大脑在同一种形式和状态下能保持的专注力是有限

的。在工作中要想保持高效的状态，就要避免长时间做一件事情，要学会通过多感交叉来调节大脑中多巴胺的状态。比如可以先花一个小时写稿子，再花一个小时做PPT，再花一个小时看资料……避免一上午都在写稿子。很多时候，即便你能长时间持续做一件事情，但是做这件事情的效率也在慢慢降低。同样的道理，如果我们给员工的奖励总是停留在一种感官刺激上，那么这种奖励是基本无效的。所以要打造多感交叉的刺激，比如搞团建，这次我们吃海鲜，下次我们玩剧本杀，再下次我们看演出，这样大家才愿意参加团建。

交叉式动态模式是在打造一种身体已经到了极限，但是依旧不尽兴的感觉。比如吃一顿豪华自助餐，各种海鲜、烤肉品类丰富齐全。一轮吃下来你的肚子已经饱了，但是依旧没有尽兴。动态调节的核心就是不让大脑“尽兴”，不让大脑产生心理上的满足感和厌恶感。这样的话大脑就会不断地释放多巴胺来对目标进行强化。

不确定式感差

我们在前面说过，多巴胺会对不确定的目标持续强化，其中一个目的就是为了提升中签率。这是因为不确定是一种动态的调节模式。

不确定可以在有与没有之间、多与少之间、好与坏之间进行动态调节。在游戏中，这一点体现得淋漓尽致。比如打怪有可能掉落的是好的装备，也有可能掉落的是坏的装备，也有可能没有装备；开箱有时有宝物有时没有宝物；吃药有时有效，有时无效，甚至可能产生坏的效果，等等。游戏可算是把不确定的模式玩到了极致，这才使玩家对游戏持续痴迷。因为不确定意味着目标处于动态中，大脑非常渴望对不确定模式进行强化。

很多时候看似大脑是在痴迷目标，其实是在痴迷与目标相关的动态模式。

如果你想持续地唤醒多巴胺的强化模式，就要想尽办法将目标导入不确定的状态中。这样，大脑就会持续地关注目标。比如你和孩子约好明天下午去游乐园玩，那么在这个目标没有确定之前，这个目标会持续地驱动和调节孩子的行为。你可以告诉孩子今晚早点睡，一觉醒来我们就可以去游乐园玩了；孩子早上不好好吃饭，这时你可以嘱咐孩子吃饱，到了游乐园可以多玩会儿。为孩子设定一个还没有发生的有效目标，在这个目标变得确定之前，我们就可以更加有效地管理孩子的行为。

以上我们分享了5种动态调节的模式。很多人会陷入一个误区，认为只要采用了动态调节机制就能持续地驱动人们的行为。有时候，你会发现即便采用了动态调节机制，也没有驱动人们持续做出积极的行为。在此我们一定要意识到一点，使用动态调节机制的前提是大脑已经锁定了目标，你给了大脑有效的目标。围绕有效的目标导入动态调节机制，才能驱动大脑的积极行为。所以，使用动态调节机制的前提是让大脑锁定有效的目标。

第四章

持续唤醒多巴胺的第二种模式：自主空间管理

1. 自主感比结果更重要

人们围绕目标和任务持续做出积极的行为是有两个基础的。一个是确定性，没有确定的因素是不会触发积极行为的；另一个是自主性，不自主，人们也不会产生持续的积极行为。所以，围绕目标打造自主空间就是在触发多巴胺持续对目标进行强化的一种模式。什么是自主空间？自主空间就是围绕目标唤醒大脑的自主意识，为大脑开启自主选择和决策的机会和渠道。自主空间就是让人们体验到有信不信、买不买、给不给、要不要、做不做的自由，避免让大脑感觉自己是受外力强迫和左右的。一旦围绕目标和结果开启自主空间，就能触发人们的积极行为。就像前面我们提到的，推销人员问你："这件衣服，您要红色的还是蓝色的？"这样的选择暗示着不是推销人员要把这件衣服卖给你，而是你想要这件衣服，你需要这件衣服。其实，很多东西我们都不需要。但是，一旦为大脑开启自主空间，大脑就将需要或不需要转变成要多少、要哪个。这就是自主空间的魔力。

很多时候，我们明知道会变老，但还是会买保健品、化妆品。我们明知道焦虑没有用，但还是会陷入焦虑之中……我们知道不能对结果产生实质性的影响，但还是要努力改变，做一些无效的行为，这是为什么呢？因为我们可以通过这样的方式强化自我的自主意识。这些行为在告诉大脑“我掌控着自己的生活，我的生活我说了算，我在为自己积极地改变和争取”。**自主空间让大脑感觉自己在努力将自我变得美好**。这种让自我变得美好的错觉才是自主空间最吸引人的地方。对大脑来说，没有自主空间，我们就会感觉处处受限。可以说自主意识是我们超越局限的基石。

掌控感比实际的掌控更加重要。有一项研究很好地证明了这一点。在实验中，被试会听到一系列突然播放的刺耳噪声。研究人员让一组被试相信按下按钮可以阻止噪声，而告诉另一组被试他们对噪声无能为力。结果发现，认为自己不能控制噪声的被试明显感到紧张和焦虑，而认为自己可以通过按钮控制噪声的被试感到轻松了许多。虽然几乎没有人真的按下按钮，但他们看上去更轻松。这是因为掌控感会让自我感觉良好。掌控感是大脑自主意识的第一个重要来源。

选择的感觉比选择的结果更重要。其实，人们很多时候沉迷的是选择的感觉，而不是选择的结果。很多人找不到理想的对象，更多是因为沉浸在了自己的选择中，把选择权紧紧地攥在手中，害怕失去选择权。因为在大脑看来，一旦做出选择，就意味着没有选择权，选择权的终结意味着没有了可能。这也是为什么很多人找对象一定要房子、车子、稳定的收入等，这其中最根本的原因就是他们认为不通过这次选择解决后半生的大部分问题，就再也没有机会了。所以，每个人都恐惧失去选择权。结果是人们紧紧抓住选择权不放，失去了比选择权更加宝贵的东西。选择感是大脑自主意识的第二个重要来源。

决策感比结果更重要。在游戏中，玩家的每个决策都是自己精心做出的。真正驱动玩家玩下去的就是这种不断的决策感和驾驭感，而不是过关和游戏获胜的结果，是决策的过程让玩家沉浸其中。这也是为什么很多对游戏上瘾的玩家，并不认为自己对游戏上瘾的原因。其实，他们更多是对解决问题的决策感上瘾。决策感是大脑自主意识的第三个重要来源（见图 4-1）。

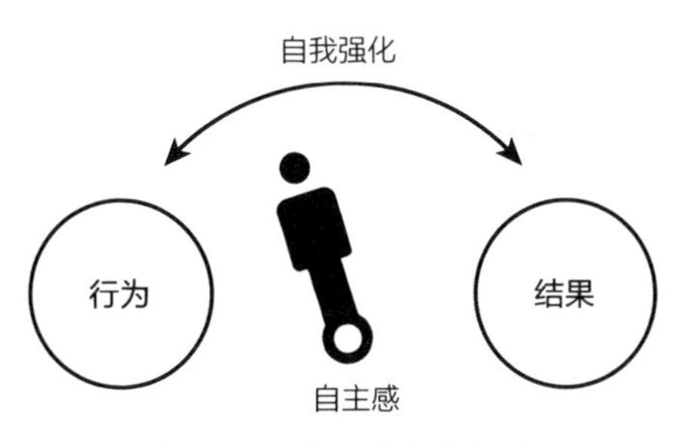

图 4-1　自主感自我强化

很多时候，选择、掌控、左右、争取、决策等行为比结果更加重要，因为这些行为本身具有自我强化功能——强化自主感和掌控感。当然，有时候人们也很在意选择和决策的结果，这是因为人们更看重结果对自我的强化。人们在意选择的结果还是在意选择的行为，要看大脑认为什么可以对自我进行强化。大脑行为的目的是自我强化。不过，如果行为得不到自我强化，那么人们的积极行为是不可持续的。所以，我们要做的是让人们的行为具有自我强化功能。

2. 提升掌控感的公式：简单+重复=可能

提升大脑对目标的掌控感有一个公式：简单＋重复

= 可能。因为简单、重复、可能都是唤醒多巴胺强化的元素。多巴胺强化目标的时候总是把实现目标的方式和路径构建得很简单。多巴胺是通过强化重复行为来实现目标的。多巴胺只有转化成可能才对人们产生驱动力。

简单

目标驱动人们的行为的核心目的是塑造行为、打造模式。我们要让大脑感觉实现目标的方式简单、容易、不费力气，这样的行为才容易被大脑强化。这样大脑才会有掌控感。比如解救小鸟的游戏，第一局非常简单，就是告诉玩家，如何切断绳子把小鸟解救了，使它不被老鹰吃掉（见图 4–2）。你会发现游戏的初始规则都极其简单，这就是在提升大脑对游戏的掌控感。

图 4–2　解救小鸟游戏

我们思考一个问题：抖音的设置为什么是播完一个视频，只有让用户手动去刷一下，才会显示下一个视频，而不是自动播放下一个视频？这其中一个重要原因就是要训练大脑与系统产生一种互动行为模式——刷的行为模式。另一个原因是让大脑感觉内容是自刷出来的，而不是系统编排好推送给自己的。如果省略刷屏的行为，我们玩抖音就与看电视没有区别了，就是在被动接受。简单的互动模式给了大脑掌控的感觉。

重复

第二个提升大脑掌控感的行为模式是重复。所有让我们沉迷的事物基本上都是在简单、机械地重复某一行为。很多人很喜欢重复地做一件事，是因为重复行为让他们有掌控感。重复行为本身就是对自我的一种强化。

大脑特别钟爱节奏鲜明的信息，因为节奏意味着有规律、有逻辑的重复。节奏是信息入脑的一种简单形式，也是大脑非常喜欢的形式。节奏是让大脑获得掌控感的一种重要方式。简单、易学、节奏感强就是多巴胺的节奏。网络上那些快速流行起来的段子和曲子，都符合简单、易学、节奏感强的模式。你会发现这些曲子的节奏感很强，主旋律清晰简单，一听就记住了。我们把节奏感强、主旋律清晰简单的音乐叫“多巴胺音乐”。网上非常流行的科目三、英歌舞，之所以会流行也是因为舞步简单，重复性强，一看就记住了。人跟着音乐就会不自觉地想要动起来（见图 4–3）。我们将其称作“多巴胺舞步”。

图 4-3　科目三舞和英歌舞

有规律的重复可以让大脑高效地预判、参与。大脑听到上一个音符就能预想到下一个音符；看到上一个动作马上想起下一个动作。大脑每一次猜对都会释放多巴胺强化这个行为。结果就是，大脑随着节奏就能自动导出下一个音符或动作。这样一来，音乐和动作与大脑就会产生共振。这样的模式让大脑有参与感和掌控感。反过来，如果是接触节奏感不强的音乐和舞步，就会听了上句不知道下句是什么，做了上个动作不知道下个动作是什么。大脑便没有掌控感，没有掌控感就会抑制大脑的积极行为。记住，简单地重复，大脑很容易沉浸在其中。

可能

简单地重复虽然提升了大脑的掌控感，但是很容易让大脑产生乏味、无聊、无趣的负面感受，那么，我们如何解决这个问题呢？答案就是每次重复行为产生的结果要不同，这个结果要充满可能。刷抖音时，每一次简单地重复"刷"的行为，看到的内容都是不同的。虽然行为是在简单地重复，但是它为我们开启了不同的可能，这才是根本。研究发现，大脑喜欢和渴望通过简单重复的行为来开启不同的可能。这其中既有自主感也有无限可能。

可以说所有让大脑沉迷的目标和行为都符合：简单＋重复＝可能。简单地重复一方面给大脑制造了掌控的感觉，另一方面开启了不一样的可能。自主空间的核心是制造可能，有可能大脑才会沉迷其中。

3. 驱动积极行为的方法：提升自主意识

很多时候我们感受到局限是因为自己把自主意识交给了他人和外在，让自我处于一种不自主的状态。其实，自我强化在很大程度上就是在强化自主意识。当我们感受到强烈的自主意识时，就会变得积极和自信。提升自主意识有两种方法。第一种方法是让大脑始终意识到自己是自己的主人，一切都是自己说了算；第二种方法是始终给大脑自主选择和决策的机会和空间。

不要把自主权交出去

我们先来看第一种方法，让大脑始终意识到自己是自主的，自己说了算，而不是外在强加给自己的。这包括两个“不要”。第一个“不要”是“不要轻易把自主权交出去”。

在《盗梦空间》这部电影中，斋藤找到柯布，让柯布完成一个不可能完成的任务。斋藤的竞争对手快要死了，他想在对手的儿子罗伯特的大脑中植入一个想法——让罗伯特拒绝继承家业。只要罗伯特放弃继承家业，任务就算完成了。于是他们在一架飞机上对罗伯特进行了梦境植入。

在梦境中，罗伯特见到了父亲。父亲临死前嘱咐罗伯特，希望他能走自己的路，去做自己想做的事情。而不是按照父亲的意愿去活，活成父亲那样的人。一直以来父亲都希望罗伯特能子承父业，这导致父子之间一直存在巨大的矛盾。父亲临终前的嘱咐，让罗伯特感觉父亲还是爱自己的，还是尊重自己的，而不是一心想让自己成为别人。最终，罗伯特按照父亲的嘱咐，选择去做自己想做的事情，放弃继承家业。

这个梦境之所以能够植入成功，最重要的原因是唤醒了罗伯特的自主意识。父亲希望他做自己想做的事情是在唤醒罗伯特的自主意识——让他做选择。最终他选择放弃家业，做自己想做的事情，这让他感觉这是自己的选择，而不是受到他人的胁迫。他不知道柯布就是采用这种自主意识，让他心甘情愿地放弃继承父亲的家业。自主意识让人们更能坦然面对自己的选择。

法国行为科学家尼古拉斯·盖冈（Nicolas Guéguen）和亚历山大·帕斯夸尔（Alexandre Pascusl）曾做过一项实验，研究者让被试向路人求助，要一点零钱坐车。被试在向他人求助时分别采用了两种说法。一种说法是："不好意思，请问能不能给我一点零钱坐公交车？"另一种说法强调了对方有给与不给的自由决定权，比如："不好意思，请问能不能给我一点零钱坐公交车？不过，您可以自行选择接受还是拒绝。"研究人员统计了在这两种情况下捐款的人数和额度。结果出现了明显的差异。在强调对方"自由"的情况下，有更多人愿意捐款，人数几乎是另一种的5倍，而且捐款的平均数额更大。这就是让人们感到自主感与被迫感对被试行为的直接影响。从这两个案例来看，我们要想驱动人们的积极行为就要把自主权交给他们，这样一来人们就会变得更加积极。

保持自主意识是消除局限、感知可能的重要途径。很多人有年龄焦虑、肥胖焦虑、容貌焦虑……时刻都在焦虑。这是因为我们放弃了自己的自主意识，把决定权交给了外在和他人，认为自己无能为力，束手无策。当我们焦虑的时候，积极地行动起来，才是缓解焦虑最有效的方式。让大脑感觉自己并不是在被动地接受，而是积极自主地逆转局面，将自我引向美好。

人要想快乐幸福，要看到美好的可能。当我们把对生活的自主权交出去的时候，我们就放弃了让自己看到美好可能的能力。只有把自主意识握在手中，我们才能不断地看到美好的可能，才会变得积极和乐观。

不要让他人评判自己

提升自主意识的第二个“不要”，就是“不要轻易让他人评价自己”。

很多时候我们感到紧张、焦虑、不自信，是因为我们把自己当成了被审视的对象。也就是我们把自己放在了被观看、被评价、被评判的位置上。这样一来你就等于无意识地把自己的自主权交给了别人，谁都可以对你指指点点。比如你参加宴会，一进场就感觉别人都在看你，这时你难免会紧张。若你站在审视者视角就能扭转这种心理。审视者视角就是把自己当作观看者、审视者、观察者。审视者视角可以从深层唤醒自主意识，让大脑认为是自己在审视别人，而不是自己在被审视。审视者是主动的，被审视者是被动的。我们只有时刻把自己当成观察者、审视者，我们才能把主动权掌握在自己的手里。

当我们面试的时候，保持审视者视角是非常重要的，这决定了你是否能够展现自己落落大方、不卑不亢、自信的一面。一旦你把自己当成被审视的对象，你就会在意自己说得对不对，举止合不合理，等等。这样会让自己变得唯唯诺诺、小心翼翼。如果你保持审视者视角，你就是在审视他人——面试官的哪些话值得相信，这家公司的工作环境好不好，等等。我们要明白一点，只要主动权和自主意识在自己的手中，你才会变得积极自信。一旦失去自主意识，我们就会变得消极和被动。很多心理问题都源自把主动权交了出去，自己不再是自己的主人。

不要过分在意别人对自己的看法和评价。你在意的那瞬间就失去了自我，成了他人的看法的“奴隶”。始终保持自主意识，这才是最宝贵的。

每个人都会更在意自己。如果你活在一种假设的框架里，它就会成为你的束缚和局限。你要做的就是忽视别人，把注意力放在自己的身上。我们始终要把自己当作选择者、评价者、挑选者。当我们站在审视者角度审视其他事物的时候，我们才会获得一种权力感，这种感觉也被称作“权力快感”。这是一种作为权力主体的快感，它让我们变得强大，激发我们的积极行为。

外显性可控变量

提升自主意识的第二种方法是让大脑自主选择和决策，其中最重要的方法就是为大脑制造“可控变量”。

比如有人问你，你想选择嫁给“高帅穷”，还是嫁给“矮丑富”？这就是一种假设。但是当有人问你这些问题的时候，这些假设中的问题就会瞬间被你的大脑抓住，你会认真地衡量自己到底要选哪一个。一旦给了大脑选择和决策的空间，大脑会马上变得积极起来。所以，给大脑开启自主空间的另一种重要方式就是，打造自主性可控变量，简称自主变量或者自控变量，就是给大脑制造可以操控结果的可控因素。其中包括两种方法：一种是外显性的可控变量，是外在因素为人们制造的可能对结果产生影响的可控变量；另一种是内隐性的可控变量，是指人们自主创造和发现的可能对结果产生影响的可控变量。自主性可控变量能大大提升大脑的自主意识，驱动人们的积极行为。

宁高宁在谈管理的时候曾经说过：“人是不能管的，人的天性是希望自由的，纪律性的、要求性的管理通过验证是不成功的。人是有组织性的动物，人希望得到群体和组织的认同，那该怎么办？只能通过引导。”引导的最简单方式就是为人们提供自主变量。比如你命令孩子别玩手机、去写作业，命令的口吻会让孩子产生抗拒心理。要想驱动孩子的积极行为就要给他提供可控变量。你可以让孩子选择是先写数学作业还是先写语文作业。这样的可控变量给了大脑自主感，能驱动他们的积极性。

很多孩子都有挑食的问题。我们该如何为孩子制造自控变量，来改变孩子的行为呢？当我的女儿吃饭吃到一半就不吃了的时候，我就会用筷子在她的饭中间画一条线，把碗里的饭一分为二，让她选择吃多的一部分，还是少的一部分。她会非常开心地选择少的一部分。这样一来，她面对的问题就不再是吃不吃的问题了，而是吃哪一部分的问题了。结果就是她又多吃了一些。这就是在孩子抗拒的目标中导入一个自控变量，来触发她的积极行为。

导入自控变量是提升大脑对目标产生积极性的重要方法。很多购物平台的数字营销工具都有转盘抽奖的活动。只要用户点击“抽奖”转盘，转盘就会自动旋转，最后得出结果。这样的营销活动用户参与一两次后就会失去兴趣。因为用户会认为“抽奖”是系统设计好的，再怎么转也是一样的结果。让用户产生这样的心理的一个重要原因就是没有导入让用户自控的变量。如果让用户选择顺时针旋转还是逆时针旋转，就导入了自控变量。如果再让用户选择自动停下还是手动停止，就又一次导入了可控变量。如果再让用户选择抽大一点的奖还是小一点的奖，就会再一次产生可控变量。这些自主性选择给了用户操控程序就能影响结果的感觉。这就是在为用户开启自主空间，提升用户的积极性。

有些任务是复杂的，大脑面对这样的目标也会无从下手。复杂的任务往往是由多个部分组成的，这时你就可以积极主动地导入可控变量，来激发大脑的积极性。比如你想要看一本厚厚的书，但一看到书就会感觉压力好大无从下手。这个时候你就可以告诉自己“我可以不从第一页开始看，可以从自己喜欢的那一章开始看”，导入这样的自控变量，就激活了大脑的自主意识，从而驱动积极行为。如果是制作一个产品的PPT，包括文案、排版、图片等多个部分，这时你也可以让大脑选择从自己最喜欢的部分开始。这样也是在制造自控变量。

自主选择与被迫选择很多时候结果都是一样的，但是大脑抗拒被迫选择，认为自主选择的结果更有利于自己。所以，给大脑开启自主空间，自我就能得到强化——我是自主的，我是自控的。

内隐性可控变量

大脑为了提升对事物的掌控感，会形成一套选择和决策模式。这种自我主观意识形成的自认为能影响选择和决策结果的变量，叫内隐性的可控变量。这样的自主变量会驱动人们的持续行为。

美国心理学家斯金纳曾做过一个关于鸽子的实验。他把饥饿的鸽子放入一个精心设计的箱子里，无论鸽子做什么，都有规律地给它们喂食。一段时间后，他发现鸽子开始重复做一些任意的动作。在食物出现之前，第一只鸽子在箱子里逆时针转两到三圈；第二只鸽子则将头伸向箱子顶部的一个角落；第三只鸽子则做一个“举”

的动作。鸽子们学会了重复做食物出现之前它们做过的任意动作。这就是鸽子在不确定食物什么时候出现时，形成的内隐性可控变量。大脑通过这种内在建立起来的可控变量来提升对事物的掌控感。

当大脑执着于目标，而目标又存在不确定因素时，大脑会自创一些自认为对结果会有影响的自控变量，来提升对目标的自主意识。很多足球运动员和篮球运动员，在上场之前都会将手臂互相搭在队友肩上，围成一圈，俯下身子，默默地祈祷片刻，然后高喊一声，迅速跑向自己的位置。他们借助这种自主行为来提升对局面的自主意识，进而提升掌控感。虽然这样的自主变量不能起到实质性的作用，但是它缓解了面对目标时的焦虑，提升了对目标的掌控感。

这种自主变量在生活中发挥着至关重要的作用。很多女孩在心情不好、情绪低落、运气不佳的时候会选择化妆，或者整理房间，以此来改变心情。当我们在体验到无助、无聊、无味的时候，也会积极主动地做一些自认为能改变糟糕局面的行为，来调节心情。这都是我们自认为能对糟糕局面产生影响的自控变量。

一个人之所以能够立身于这个世界，就是因为他的内在世界构建了一套内隐性的决策模式。大到什么是有意义的人生，小到如何与人沟通，如何选择一件衣服等。人的内在都有一套内隐性的决策和选择标准，这些内隐性的自主变量就是人们掌控世界的工具。

第五章

持续唤醒多巴胺的第三种模式：表达空间管理

1. 表达空间是塑造自我的舞台

表达空间是人们进行自我展示、展现、表达的地方。表达空间强调的是人们个人化、个性化、更加主观的感受、认知、行为。开启表达空间会激发人们的表达欲。当我们产生表达欲的时候，多巴胺会不断强化和强调表达带给自己的价值感、意义感、优越感，以及自我独特感。所以，当大脑感知到表达空间的时候，就会释放多巴胺来驱动我们积极的表达行为。

我们是通过表达来让自我显化，来塑造自我的。你不说话、不做事、不展示，别人怎么知道你是怎样的人，就连你也不知道自己到底是什么样的人。所以，表达是自我强化的重要途径，一旦为大脑开启表达空间，人就会变得积极。

每个人都有塑造者和被塑造两种身份。不管是自我塑造还是塑造他人，我们要明白什么才是真正的塑造，塑造就是为他人开启表达空间。

我们要明白的是，我们要塑造的是一个在生产线上拧螺丝的人，还是一个具有创造力的人，这是不一样的塑造方式。如果是塑造一个具有创造力的人，那么就要时刻为他开启自我表达的空间。就像谷歌对员工的管理，不管是在工作时间、工作环境还是在工作进度等各方面都给员工自由发挥的空间，这样做的目的就是最大化地激发员工的表达力和创造力。因为谷歌知道员工的创造力和创新力对企业最有价值。购物平台也是一样，平台要始终为用户开启表达空间，才能塑造用户积极的消费行为，用户才能为平台创造价值。教育孩子也是这样，如果你不想扼杀孩子的创造力，就要时刻为他开启表达空间，千万不要什么事情都为他包办了。

我们要记住一点，所有与他人的互动都是在塑造他人的行为。你与员工、顾客、孩子、朋友等的互动都是在塑造他们的行为。塑造是通过表达实现的。所以，始终给他人开启表达的空间，就是在塑造他人。接下来我和大家分享如何通过开启表达空间来塑造他人和自我塑造。

2. 激发表达欲的2种方法

消除表达风险

开启表达空间可以激发人们的表达欲。但是，有一种力量也会抑制人们的表达欲——它就是表达风险。表达风险是表达可能会给自己带来的证明自己错、笨、无能的风险。抑制人们积极行为的重要因素就是“怕”——怕失去、怕失败、怕丢人、怕痛苦等。要想有效地激活人们的表达欲望，就要先消除人们的表达风险，不然即便为人们开启表达空间，也无法驱动人们积极地表达。

如何消除表达风险呢？首先我们要明白人们怕的根源是什么？是大脑中有好与坏、对与错的标准。如果自己的表达不能与标准一致，就意味着自己笨、错、无能。这对每个人来说都是不能接受的。所以，要想给大脑开启表达空间就要打破标准。这是消除表达后顾之忧的重要方法。

刚开始练习写字、画画的小朋友，都会有排斥心理。家长认为孩子的小手对笔没有掌控感，笔在手里打转，不听使唤，所以才不愿意写字。其实，根本原因是孩子心中对画和写的内容有了一个好与坏的标准。让孩子在照着写或画时，孩子认为写成那样才算好、才算对，而自己写得歪七扭八很难看。这样一来写字的行为就是在不断地证明自己笨。这时家长该怎么办呢？聪明的家长可以这样说："来和妈妈一起写。"你可以故意把字写得难看一点。然后对孩子说："你看看妈妈写得怎么样？"孩子一定用诧异的眼神看着你，"写成这样也好意思？看来我写得也不错。"这个小小的举动就可以消除孩子的顾虑，不再追求字写得与课本上一样工整。只要孩子愿意拿起笔，时间长了，对手中的笔有了掌控感，自然就会写得越来越好。很多时候我们抗拒一件事情，就是因为一开始我们就在心中设置了标准。这个标准给我们造成了心理压力。要想让大脑产生积极的行为就需要先推翻这些标准。

很多人在学英语的时候，学的都是"哑巴英语"，总是不敢开口说，原因就是教英语的老师一开始就在强调发音的标准，导致很多学生还没有张口就错了。因为他们害怕发不出标准的音，结果就是为了避免犯错，自己选择不说。不说就不会错的策略，让他们完美避开了犯错，同时也让他们一直不敢开口说。而聪明的英语老师会鼓励学生大胆说，大声说。他们告诉学生，每个人的发音都会带点口音，这是难免的，就像我们说普通话一样，有口音难道别人就听不懂了吗？当然能听懂。很多年前，我经常在北京市海淀区的一个过街天桥上看到，老师带着很多学生站在天桥上一起放声说英语。这就是一种对害怕犯错的心理进行脱敏的行为。其实，敢说比说得标准更加重要。

记住，那些嘴里总是说“你看看人家，能不能向他学学”的人，就是在给你制造限制，这些话语本身就是为你设置标准，会成为抑制你积极行为的因素。

开启表达空间是从消除可能抑制表达欲的标准和规则开始的。这些标准和规则中没有表达的空间，只有好与坏。而这些标准和规则往往是他人的错误认知，因为这些认知是格式化的。记住，把人放进格式中，就是在抑制人的积极行为。

为大脑留有“余地”

表达空间的核心是“有空间”。这里的“有空间”是要给大脑参与和互动的余地。有余地就给了大脑发挥的空间，有余地就会激活表达欲望。

第一种为大脑留有“余地”的方法，是制造漏洞、破绽、错误、失误。当大脑从信息和事物中发现破绽、失误和漏洞时，就会激发表达欲望。如果事物完美无缺、无懈可击，大脑只能被动地接受，没有发挥的余地。失误、破绽、漏洞给了大脑发挥的余地。

自媒体的兴起导致一种怪相，大家并不在乎内容的严谨性，而是更在乎事情是否能吸引更多人的注意。很多博主在做视频时会故意在视频中制造错误和失误。他们这样做并不是他们不知道说错了或者拍到不该拍的东西，而是为了触发大脑的表达欲望。因为大脑关注到这些明显的纰漏和错误就会产生表达欲，就会想要站出来“指指点点”。结果你会发现评论区的留言都在说那些“失误”。这样一来互动就有了，热度就有了，流量也就有了，这就是开启表达空间的效果。我们也做过这样的实验，如果发一篇没有明显错误的文章，评论区是非常“寂静”的。如果故意写错字和说错话，评论区马上就会热闹起来。大脑看到疏漏和错误便触发了自我强化的意识——别人的低级错误会让大脑自我感觉良好。

一个主播朋友分享过一段经历。在一次直播时，收音的麦克风忽然坏了，没有声音了。主播知道麦克风坏了，就在直播间重复说了好几次，工作人员正在换新的麦克风。但是一瞬间大量的网友在屏幕上打出了“没有声音”的留言，甚至有的人反复发了好几次。这就是主播无意间的失误激发了网友的表达欲望。结果就是，系统监控到主播的互动提高了，又给主播推了一大波流量。所以，给大脑留有余地的最重要的方式，就是制造明显的漏洞和失误。

第二种为大脑留有“余地”的方法，就是违背常理。违背常理的信息也会激发大脑的表达欲。我的女儿总是缠着我和她一起看《小猪佩奇》动画片。其中有一个让我抓狂的情节，小猪佩奇总是会把车停在山坡上。每次看到这个情节，我都会不出自主地担心车会溜下去。我也明白这只是动画片，但是每次看到都会有一种想要纠正的冲动。没办法，这就是我们的大脑，我们受制于它。大脑就是会瞬间抓住那些违背常理的行为和信息，并且渴望我们对其“指指点点”。

第三种为大脑留有“余地”的方法，就是制造对立的立场。如果一条信息立场鲜明，也会激活大脑积极参与。网友为什么会热衷于“吃瓜”？就是因为人们有表达的欲望。如果没有热点可追，生活就会变得既无聊又无趣。这种现象的深层原理就是，社会热点中总是存在争议和是非，当大脑聚焦某个热点的时候，会将自我的立场带入其中。人们捍卫自我的立场就好似捍卫自我的生命一样“拼命”。因为自我立场是自我的一部分，捍卫自我立场的时候就是在对自我进行强化。

3. 深度塑造他人行为的3种方法

表达空间的开启是为了精确塑造他人和自己的行为。我们要想成就他人和自我就需要学会精确塑造。精确塑造需要深度开启表达空间。接下来我和大家分享三种深度塑造的方法。

学会让自己闭嘴

我很喜欢叔本华的一段话，“在这个世界上，真正供我们选择的路只有两种，要么享受孤独，要么沦入世俗。但是人群扎堆聚集，主要话题无外乎三个，拐弯抹角炫耀自己，添油加醋贬低别人，相互窥探搬弄是非。”这句话就是在告诉我们，只要你与他人互动就是在玩一种强化的游戏。当我们讨论他人、贬低他人的时候就会获得满满的优越感。这时你就明白，为什么有些人喜欢在直播间和评论区贬低别人了，他在贬低别人的时候获得了一种优越感，他们依赖这种感觉来强化自己。

人与人面对面互动的时候也会玩一种比较隐秘的自我强化游戏——跷跷板游戏——每个人都在试图借助他人来彰显自我的价值感和优越感。我们来看看这样一段对话。

阿坤和小李好久不见，见面后他们开始寒暄。

阿坤：“最近过得怎么样？”

小李：“特别忙，所以一直没有时间和你聚（我是个大忙人，我的时间很宝贵）。你呢？最近在做什么？”

阿坤：“简直累坏了，最近刚完成一个知名品牌的全国路演（我不逊色于你，我做的是高端生意）。”

……

在这段对话中，看上去阿坤似乎更胜一筹。但接下来小李会想尽办法把失去的自我良好感觉找回来。

阿坤：“我很喜欢来这家店喝咖啡，它家有独到的工艺，而且这里的环境很温馨，所以我才约你来这里（怎么样，我的眼光还可以吧，我对咖啡有研究）。”

小李：“我常去一家意大利咖啡馆，那是全北京最好的咖啡馆，有空我带你去啊！（这算不了什么，我去过最好的）”

……

人与人的互动更多是在借助他人进行自我强化。人们把彼此当作表达的空间，互动就是在争夺这个空间。一旦他人表现得比自己好，我们的自我价值感就会降低。这种感觉会驱动我们把自我的价值感和优越感找回来。人们在你一言我一语之间，争夺着价值感和优越感，就像在玩跷跷板游戏。人的行为模式就是这样设计的——抓住一切可以自我强化的机会，进行自我强化。这与财富多少，权力多大没有关系。我接触过一些身价上百亿的老板，他们的行为模式也是如此，依旧是抓住一切机会去强化自我的价值感和优越感。

所以，在与他人互动的时候，你要做的就是抑制住自我强化的欲望，把这个舞台让给他人，也就是让自己闭嘴。我们要做的是采用引导式的话语和肢体语言来为他人开启表达空间。比如，不管对方说什么，你都可以说“你说的有道理；这个有意思；这个想法很好；我怎么没有想到；我也这样认为；我也遇到过这样的事情……”，要不断地肯定对方。这种肯定就是在强化对方的表达行为，告诉对方，他“说得对、做得好、很重要、很有价值”。同样的，一些身体的姿态也可以为他人开启表达空间，比如频频点头、身体前倾等就是对他人表达的正向反馈。这种对他人行为的正向反馈就是在不断地触发大脑中的多巴胺，对他人的行为进行强化，驱动他人更加积极地表达。

积极的正向反馈不是为了迎合他人，而是为了深层的引导和塑造，让话题和行为可以按照自己可掌控的方式发展，而不是任由他人自由发挥。

贴上标签，启动定向表达

要想让一棵树长成参天大树，并不是给它充足的营养就可以了，还需要给它有限而有效的塑造空间。一棵树，如果任其生长，就很容易“横向发展”。这样的话，虽然树粗壮茂盛，但并不能长成栋梁之材。而那些原始森林里的参天大树都是被有限空间束缚了。有限空间就是指树与树之间的空间有限，导致其不能肆无忌惮地长，只能向高处生长。给大脑开启有限空间可以指导、指引人们表达的方向，有目的地塑造人们的行为。

开启有限表达空间，触发定向表达的一个方式是贴标签。贴标签就是一种在大脑中植入信念的方式。标签效应是指人们一旦被贴上某种标签，就会成为标签所描述的人。美国心理学家曾在招募的一批行为不良、纪律散漫、不听指挥的新士兵中做了一个实验。研究者让他们每人每月给家人写一封信。写自己在前线如何遵守纪律、听从指挥、奋勇杀敌、立功受奖等内容。结果，半年后这些士兵发生了很大的变化，他们真的变成了信上所说的那样。这种现象在心理学上被称为标签效应。一旦给自己或者他人贴上某种标签，大脑就会驱动人们围绕这些标签来进行自我表达，让行为与标签保持一致。这样一来人们的行为就会越来越符合标签指向的那种人。

与贴标签相似的另一种触发定向表达的方式就是设定身份。你想要触发什么样的行为，就要将其放进能触发这种行为的人设里，人设会影响他人的定向行为。人们是无法抗拒别人将自己放进正面的人设里的，因为每个人追求的都是对自我正面的强化。

有一个词叫“捧杀”。词典中是这样解释这个词的，“过分地夸奖或吹捧，使被吹捧者骄傲自满、停滞、退步甚至导致堕落、失败”。商家把用户吹捧成“女王、公主、小仙女”等。这些身份都具有自我强化的效果，它们让我们自我感觉良好。当我们被这些积极正面的身份强化时，我们就会马上进入角色，被角色附身，变得自信。接下来我们就会觉得身边的一切都配不上自己了。结果是，为了更好地扮演这个角色，我们就开始买更高价值的商品来匹配这个身份，比如名牌包、名牌服装、高档化妆品等。其实这都是商家“收割”用户的手段，商家在用户的大脑中植入了一个理想和完美的身份，让大脑在不自不觉中做出匹配这个完美身份的行为。设定完美身份就是商家精确塑造消费者的方法。

在生活中，让他人认识到自己是个慷慨的人，接下来他们就会更大方；让他人认识到自己是个善良的人，接下来他们就会更愿意帮助别人；让他人认识到自己是个勇敢的人，他们就会更容易见义勇为。因为我们的行为是被自我认知塑造的。让人们认识到自己是什么样的人，就会触发符合这个身份的行为。这就是对行为的精确塑造。

我们主动给他人贴上正面的标签就是在告诉大脑，他们是美好的、重要的。这样的标签可以直接唤醒多巴胺来强化与这个身份相符的行为。很多事物我们都没有体验过、接触过、尝试过，但是我们对它们却有一种积极正面的认知和感受。比如你没有吃过米其林餐厅的食物，但你知道它好；你没有开过保时捷的车，但你认为它好……这都是别人告诉我们的，是别人帮我们定义的。美好的标签就是用于直接而精准地塑造人们的积极行为。

赋予他人个性化的结果

深度开启表达空间的第三种方式是强调个性化表达。强调个性化表达是指每个人的参与都能产生个性化的结果。比如国内有很多景点和商场都设计了非常漂亮的翅膀模型，供人们打卡拍照。每个人站在翅膀模型下摆不同的姿势就会拍出不同的照片效果（见图 5-1）。这就导致很多人想象，如果自己身在其中将会怎样。强调每个人都可以获得属于自己的结果就是在为大脑开启个性化的表达空间。“打卡点”为人们开启了个性化表达的空间，驱动人们积极地去打卡。

图 5-1 游客在景点打卡

个性化的表达空间很容易让大脑产生自我投射，促使大脑构想的情节和画面变成人们积极参与的驱动力。围绕目标展开的美好想象就是“既美好又可能”的多巴胺语言，它让大脑充满渴望，驱动着人们的积极行为。

激活人们个性化表达的第一种方法是让每人都获得属于自己的结果。

抖音的各种拍摄模板，就是一些个性化表达的工具。每个人将自己放入模板中就会产生不同的效果。这些模板才是人们沉迷其中的原因。如果没有这些模板，普通人就没有拍摄素材，也没有拍摄思路，这会大大抑制人们参与的积极性。如果有模板就简单多了，人们只要拿起手机就能拍摄，瞬间就能产生属于自己的结果。拍摄模板为人们开启了自我表达的空间。当人们的自我得到表达的时候，才会渴望展示，分享给他人。因为自我表达的一个目的就是让更多人看到"我"不同的一面。这样一来，抖音就实现了人人主动的传播。

如果你想提升视频的点击率和互动率，也可以给观众开启个性化表达的空间，以此来驱动人们的积极行为。比如一个有关健身的视频，博主教大家一个动作来检测自己是不是亚健康。这个动作，只要你能做 30 个就是健康的。这样人们会很想测试一下，看看自己是不是健康的。结果你会发现评论区非常热闹，有人说自己一做就停不下来，有人说自己只能做 10 个，有人说自己可以做 100 个等，每个人都能得到属于自己的结果。这个视频给每个人开启了个性化表达的空间，这样的表达空间激发了人们的积极行为。

激活人们个性化表达的第二种方法是，让每个人都能感知到自己在重要的位置扮演着重要的角色。有的儿童游乐园很受孩子们喜欢。游乐园的工作人员会带着孩子一起玩游戏，比如把孩子们分成两队，一起打排球比赛。他们会将孩子们安排在不同位置，让孩子们负责不同的任务，扮演不同的角色。这样一来就给了每个孩子个性化表达的机会。让每个孩子都感觉自己扮演着重要的角色。如果让孩子们自己玩，就不会有这样的效果。这正是利用个性化表达来驱动孩子们的积极行为。

激活人们个性化表达的第三种方法是，让人们感觉到自己的参与可以激发互动对象展示更有个性的一面。也就是充分让人们感受到个人的参与对互动对象产生的影响。北京的环球影城开业时，网上传播最多的项目就是游客与威震天互动的项目。这个项目之所以会火，是因为威震天霸气强大的荧幕形象，与其诙谐、幽默、调皮的形象形成了极大反差，营造出了轻松幽默的互动氛围。另外，威震天与游客一对一的互动形式，激活了游客的个性化表达欲望。这种个性化的表达是非常有吸引力的，这是因为自我在左右互动对象的行为。这是双向的个性化表达——游客与威震天都得到了个性化的表达。这种表达方式是驾驭感、优越感和价值感的叠加，是对自我的一种深层强化。两者的互动所产生的不一样的效果正是触发人们积极行为的多巴胺语言。不一样的自我是对自我最有力的强化。

第六章

持续唤醒多巴胺的第四种模式：增长空间管理

1. 增长空间是我们进取的阶梯

动态空间、自主空间和表达空间对大脑持续行为的驱动还是有限的，要想让行为可持续就必须要为大脑开启成长空间，即增长空间。增长空间是在动态空间、自主空间、表达空间的基础上对目标强化的又一次升级。增长空间是通过增长和进步的机制给大脑制造进步感、增长感、成长感。增长空间是让大脑感知到自我有成长的空间。增长空间可以让大脑摆脱局限，变得更加美好和强大。增长空间开启的可能是驱动人们积极进取的核心力量。

增长空间让自我有了多少、大小、高低、好坏、强弱等差别。这些差别的本质是自我与自我、自我与他人的差别。比如高档酒店会把顾客分为不同的级别。这些级别制造了现有级别与更高级别的差别，制造了 VIP 会员与其他会员的差别。这种差别暗示着 VIP 会员可享受更多、更好的服务。增长空间让大脑获得了两个坐标，一个是自我的坐标，这让我知道自己在什么位置，未来还有多大的进取空间；另一个是我在人群中的坐标，这让我知道自己与他人的差别。增长空间一方面是在对我们所处的位置进行定位，另一方面是让大脑感知到更多有待实现的可能。

有差别的地方，就有为自我开启成长空间的可能。高铁设有商务座、一等座、二等座；飞机有头等舱、商务舱、经济舱；学历分为专科、本科、研究生；财富分为贫穷、小康、中产、富足、富豪；城市分为一线、二线、三线、四线；银行卡分为普卡、银卡、金卡；官职有科级、处级、部级等；明星分为一线、二线、三线、四线……你会发现，有人的地方就有等级的差别。设置差别的目的就是为我们开启增长空间，以此来驱动人们的积极行为。

自我增长空间让大脑感知到有一个“自我”需要持续维系。自我成长空间让我们感觉始终有个需要实现的“我”在等着我们去塑造。这个“我”给了我们超越现实局限的可能。

2. 设置增长元素的5种方法

开启增长空间最重要的方式就是设置增长元素。增长元素是让大脑体验到累计、增加、进步、增长、成长的元素，是将重复的行为显化和量化的工具、符号、数据和模式。这些可显化和可量化的工具、符号、数据、模式等，只要是有累计和计算功能就是一个增长元素。比如，当你在跑步的时候，计步器就是一个简单的增长元素。这些元素会让大脑体验到重复行为带来的真实改变。增长元素将自我可显化、可感化、可操作了。增长元素可以给大脑制造进步和增长的感觉。增长元素可以导出更高层次的自我。

人们的任何行为和信息都可以打造成增长元素。增长元素是在将人们的能力、实力、权益、价值、资源、影响力等与自我相关的因素显化和量化。所以，设置增长元素的核心原则是与自我紧密相关的。

与自我权益相关

让重复的行为与人们获得的权益变得相关。比如，随着重复行为的产生，人们会获得相应的权限，重复的行为越多所获得的权限就越大。让大脑意识到重复行为越多，获得的好处和利益就会越多。增长的权益就是一种增长元素，它给了大脑满满的获得感。

重复行为要显化为增长元素才能触发持续的重复行为。比如我的一个同事很喜欢吃一家火锅店的火锅，每次点火锅，商家都会送一个砂锅，没多久她就发现自家阳台上堆了一堆砂锅。她感觉砂锅扔了有点可惜，但堆在阳台上实在是占地方。其实商家完全可以把砂锅设计成一个增长元素。比如回收砂锅，累积到一定的数量就可以回收，并兑换相应的积分，积分的多少可以开启不同级别的会员，这些会员级别对应着不同的会员权益，比如免单、免运费、买赠、极速退款、生日优惠、新品免费试用等。会员的权益是需要重复消费行为来开启的。消费行为越多，开启的权益越多。

你认为设置底线指标和增长指标，这两种指标哪种更能触发人们的重复行为？当然是后者。多巴胺要的是更多，而不是一成不变。底线指标让大脑认为达到指标就可以了。这在很大程度上会成为一个锚点，让大脑认为达到这个指标就不需要再继续努力了。而对于增长的指标，大脑会更活跃。驱动人们积极行为的多巴胺语言是“更进一步，越多越好”。让大脑有累计感、进步感、增长感，就会触发人们的积极行为。

与自我更好相关

许多手机和汽车品牌每年都要推出新款，这是因为人们渴望通过更新换代来体验自我的成长和进步。从一代到十几代，这些数字本身就是增长元素，这种数字对人们来说意味着超越，意味着变得更好。这种增长元素制造了新与旧的差别。增长元素并不是指一种真正的成长和革新，而是一种改变、升级、更新、迭代的象征。当我们用新手机的时候会产生蜕变和改变的新鲜感，感觉自己的生活变得更好了。

我们要记住一点，大脑是模式化的，让大脑感觉自我在不断变得更好的模式会驱动人们的积极行为。

与自我完整相关

自我要的是更好，这其中的更好并不单指我们的某一方面变得更好，而是指我们的整个自我都变得更好，例如我们的家庭、工作、情感、能力等都变得更好。我们对自我的完整性有着特别的渴望。一旦让大脑意识到自我存在变得更好的机会，大脑就会抓住机会不放。

一家比萨店在用户消费的时候会送不同颜色、不同卡通图案、设计得非常精美的幸运卡，上面写着时来运转、桃花朵朵、岁岁平安、财运连连、福禄双全等词（见图 6-1）。如果你带着小朋友去消费，服务员会让小朋友从多张幸运卡中挑选一张，同时还会提醒小朋友“下次来的时候，你还可以选一张”。幸运卡就是一个增长元素。那些小朋友没有集齐的幸运卡就成了他们念念不忘的驱动元素。其实用户本来是为了吃比萨，结果被幸运卡“圈粉”了。这些增长元素激活了大脑追求自我完整性的心理，只要不集齐幸运卡就会感觉自己不完整。之所以如此，是因为这些卡上有着各种积极正面的祝词，

图 6-1　成套幸运卡

这些祝词促使大脑去探索每个能让自己变得完整的可能。若增长元素与自我的完整性紧密相关，就会驱动人们的持续行为。

与自我能力相关

人们在一个公司工作 1 年与工作 3 年是一样的感觉；一天工作 8 小时与工作 10 小时是一样的待遇。这些都没有为人们开启增长空间，不能驱动人们的积极行为。让人们的重复行为与自我能力变得相关，是设置增长元素的一种有效方式。

很多公司的晋升机制设置得非常有趣，不同的级别有不同的代号，工作就像打怪，员工总有成长空间。这就像人们玩游戏，进入了有严格级别划分的体系。这套体系的核心是为大脑开启成长空间和进步空间。

在游戏中用户可以通过完成任务、消费等来实现增长和进步。游戏中的任务都属于增长元素，比如每日任务、每周任务、主线任务、支线任务、团队任务等，这些都是增长元素。游戏为了始终抓住玩家的注意力，会想尽一些办法去打造自我提升、成长的空间，让玩家每进步一点，就能体验到自身的战斗力和能量变得越来越强大。游戏中的这些增长元素与用户的资源、能力、实力紧密相关。随着游戏的深入，用户不断地连接到更强大、更有力的自我。这种增长空间是用户沉迷游戏的根本原因。

与自我影响力相关

自我强化更多强调的是自我与他人的差别。而大脑渴望用一种显化的方式将自我与他人区分开。所以，在一个群体中打造增长元素可以满足大脑的这种需求。

抖音上为什么有那么多的人喜欢打赏。其中一个原因是，人们每次的打赏行为都是在将自我推向更高的层次。人们的打赏行为越多，身份级别就越高。还有一个原因是，打赏行为与自我的影响力有关。用户的昵称中会显示用户身份级别，这个级别数字越大，身份等级越高。这就让打赏行为成了塑造用户在虚拟世界身份的一种方式。当用户带着这个数字进入直播间，就很容易被主播点名“××来了”，其他用户就能直观地看到有位“多金”的用户进入了直播间。这些数字成了用户在虚拟世界身份的象征。没有这些象征，我们就不知道屏幕后面是什么人。有了这些象征，每个用户的身份就被直观显化了。

我们需记住一点，任何的工具、符号、数据、模式等，如果没有将人们不确定的自我显化的功能，就没有价值，更不会对大脑产生积极的驱动作用。

3. 打造消耗机制的5种方法

打造增长元素的目的，是让大脑通过争取和努力来成长，从而体验自我的强大感、优越感、增长感。增长的深层目的是为了通过增长获得消耗、支配和消费的能力。没有累计，我们拿什么来支配和消费呢？我们有钱了才有花钱的机会。我们拥有某种会员权益，才有了使用权益的机会。消费和支配是建立在增长的基础上的。支配和消费的能力和实力是对自我强化的进一步升级。它会让大脑获得更强烈的快感。这也是很多人沉迷于“买买买”的原因，因为“买买买”是一种支配行为，用花钱来强化自我的支配感。“买买买”是自我支配能力的一种显化。其实，挣钱就是为了享受，获得自己想要的感觉——幸福感、支配感、掌控感、美好感。挣钱让我们快乐，而花钱会让我们更加快乐。所以，很多时候有能力消耗要比有能力积累对自我的刺激更大。

增长是通过累计和获得来进行自我强化的，消耗是通过支配来进行自我强化的。增长和消耗两种强化机制的循环使人们围绕目标的行为可持续。接下来，我和大家分享几种常见的打造消耗机制的模式。

续命式消耗

续命式消耗是当我们犯错和失误时，用获得的资源来换取新的生机。这些资源具有延续生命或者重生的功能，所以叫续命式消耗。这种消耗模式在游戏中最常用到。玩游戏的时候，每用掉一个金币，积分就会增长。但是在我们没有躲过攻击时会扣除相应的积分，以此换来一次复活的机会。这就是一种续命式消耗机制。

在经营抖音店铺时，有一个店铺分值。这个分值越高，越有利于店铺的推广。店铺分值高，系统会给予其更高的推荐权限，这样店铺就更容易被顾客关注。店铺评分的其中一个决定因素是，是否及时回复了用户。如果店铺每次都能及时回复用户，就能获得积分奖励，店铺的评分就会升高。店铺的积分也成了店铺犯错和失误的资本。偶尔一两次没有及时回复用户，只会扣掉相应的积分，而不会让店铺倒闭。及时回复是一种增长元素，配合增长元素的还有一套续命式消耗机制。这两者都在驱动商家积极、用心地经营店铺。

在续命式消耗机制中，我们的积累越多就越可以获得比别人更多的“续命”机会。

奖励式消耗

奖励式消耗是一种二次奖励的消耗模式。积累和增长本身就是一次奖励，对这些积累和增长进行支配性的消耗时，便实现了二次奖励。这样的消耗机制也有自我强化效果。

某些小学老师会给每个小朋友发一个“心愿存折”（见图 6-2）。小朋友在学校表现得好时，老师就会在存折上面贴一个贴纸作为奖励。贴纸攒得越多证明小朋友在学校的表现越好。这是一种增长元素。反过来，小朋友也可以从老师那里用贴纸兑换自己想要的奖励，实现二次奖励，比如笔记本、橡皮、零食等。这是一种奖励式消耗机制。贴纸的积累让小朋友感觉良好，具有自我强化的效果。而消耗这些积累的奖励，换取实际的奖品也会让小朋友们感觉良好。因为他们通过自己的努力得到了自己喜欢的奖励，更能让小朋友们感觉自己与众不同。

图 6-2　心愿存折

使用二次奖励的消耗机制要遵循一个原则——个性化满足，这样才能让二次奖励更加有吸引力。比如孩子们积累贴纸是为了换取自己想要的某个小礼物，满足自己的个性化需求。

二次奖励的消耗机制是对增长机制的二次开发，是对自我的二次强化。这种消耗机制也促进了增长机制的良性循环。

给予式消耗

给予式消耗是将我们积累的物品赠予他人。比如很多富人经常向一些慈善机构捐款，当他们帮助别人时，能体验到给予感、支配感和优越感。

我的一位同事有段时间非常迷恋在直播间抢福袋，她希望抢到的福袋是抖币，因为她可以用这些抖币打赏她喜欢的主播。她说："当我为主播点亮一个粉丝灯牌，或者送上一个爱心的时候，主播的屏幕上会出现灯牌和爱心的效果。这种效果会让我体验到一种强烈的优越感。"她特别享受自己给予主播支持的感觉。她认为自己的打赏对主播来说非常重要，主播需要粉丝的支持。这就是给予式消耗。

给予式消耗比死死地抓住拥有的东西不放，更能让我们感受到自我的价值和意义，因为给予是自我实力、能力、力量的象征。

符号性消耗

符号性消耗中的符号是指我们的积累可以转化成标志个人身份象征的符号，而这些符号往往具有自我强化功能。

某些商家会根据顾客累计消费多少，将顾客分为红海会员、银海会员、金海会员和黑海会员。在顾客用餐的时候，会将标志着会员级别的牌子放在餐桌上。这是在向其他顾客宣告他们的会员身份。同时也在提示餐厅里的服务员对这些顾客要给予不同的关照。当然他们也会享受一些特别的待遇，比如免费的果盘等。这种会员身份符号就成了顾客到这里消费的一种驱动模式。这种符号象征着他们的消费能力。各种勋章、奖章、荣誉称号，都是人们在某个领域兢兢业业奋斗多年才换来的，它们象征着自己比别人做出了更大的贡献。这也是很多人为之奋斗的驱动力。

维持性消耗

维持性消耗是指人们为了维持某种理想状态，需要不断地做某种重复的行为的状态。

我一直有锻炼的习惯，之所以会保持这个习惯，更多是为了维持理想的身体状态。起初运动，我是为了让身体的各种指标达标。经过一段时间的坚持，我的身体状态的整体评分达到了 100 分。我有时候忙起来，就没时间锻炼了，有些指标就有所下降了，整体评分就会掉到 90 分。这让我感觉如果不坚持锻炼就会离 100 分越来越远了。为了维持理想状态，我会坚持每周锻炼两到三次。这就是一种维持性消耗。

起初我积极锻炼是为了达到一个理想的状态，可一旦达到这种理想的状态，我就会想办法维持这种理想的状态。维持性消耗是对理想自我的持续强化。

流通才能可持续

无论是设置增长元素还是打造消耗机制，本质上是为了流通。增长和消耗是为了打造一个封闭的循环（见图 6-3）。

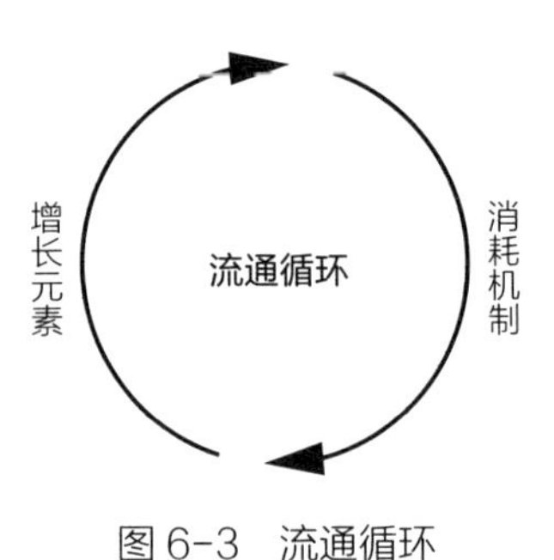

图 6-3 流通循环

人是被可能驱动的，流通的本质是为了让可能流通起来。不流通，大脑就感知不到可能；没有可能，人们就会失去生机和活力。流通意味着有发生好事的可能，即便发生坏事，我们也有改变的机会。让自我在得到和失去之间流通，让欲望在增长和消耗之间流通，这样人们才有生命力和存在感。一旦流通消失，可能也会消失了，人们就会陷入绝望。所以，自我的可能与流通是并存的。

围绕人的任何模式的本质是流通，任何阻碍流通的因素都会抑制人们的积极性。多巴胺模式的核心是提升流通。

第七章

持续唤醒多巴胺的第五种模式：风险转化管理

1. 风险是抑制行为的第一个因素

在实现目标的过程中，反馈管理非常重要。因为实现目标的过程是由各种挫败堆积而成的。没有实现目标之前的行为反馈伴随着各种挫败，比如风险、能力不匹配、行为无效果。这些反馈是抑制大脑积极行为的重要因素。人们的行为之所以无法持续，是因为没有围绕目标进行行为反馈管理。从现在开始我们要意识到，人们面对目标变得消极，一是因为目标不够吸引人，二是因为负面反馈抑制了人们的积极行为。我们要想驱动他人的积极行为，反馈管理是非常重要的。

反馈管理可分为风险管理、能力管理、反馈效果管理。我们先来看什么是风险管理。风险是指付出的代价，比如失去、伤害、痛苦、失败、损失、无效、无用的代价。这些代价使大脑认为存在风险。大脑在做决策时首先评估的是风险，风险是抑制行为的重要因素之一。风险会触发大脑的保护机制，让人们终止行动。我们要对实现目标产生的风险进行管理。风险管理会降低和消除大脑的风险意识，对风险进行转化。只有让大脑感觉风险可控或无风险，我们才会继续前进。

当然，也不是所有有风险的事情都会抑制人们的行为。有时候高风险反而会触发人们的冲动。这是因为高风险通常伴随着高回报和强刺激。风险永远是相对回报和价值存在的。高回报和强刺激会让大脑对风险的敏感度降低。在生活中，我们为大脑设定的很多目标并不具备高回报和强刺激，这样的目标会提升大脑的风险意识，更容易让人们患得患失。

2. 降低风险意识的5种方式

进行风险管理，先要降低大脑的风险意识，这样大脑才会无视和忽略风险，无后顾之忧地进行深入体验。下面我和大家分享 5 种降低风险意识的方法。

避免负面反馈

避免负面反馈，就是让大脑无视或者忽略失去、失败的风险。游戏会给玩家提供多次复活的机会，即便失误，在玩家还没有感受到失败的时候，系统会马上让角色复活，不给玩家感受失败的机会。不让大脑接收负面反馈就降低了大脑的风险意识。感受不到失败，大脑就不会有挫败感和失控感，就会继续玩下去。

有一种心理现象叫支付痛苦。当你感觉价格比较贵的时候，大脑的杏仁核就会被激活。杏仁核是大脑中处理痛苦情绪的脑区。在苹果体验店中，产品的价格标签都设计得很小，这样做是为了让顾客尽量忽略价格，避免顾客注意到价格后，负面情绪被激活。商家想让顾客把更多的注意力集中在产品的优点上，比如技术和设计。聚焦技术和设计，可以让大脑发现产品的价值和优势。这个策略避免了顾客对高价格进行聚焦，唤醒大脑的风险意识。苹果体验店里也不会贴一些降价的海报，没有产品贬值的暗示。这样做都是为了避免给顾客留下负面印象。

降低风险意识就是不要给大脑过度的负面刺激，避免让大脑聚焦风险。比如一些调价行为，涨 8 角叫“微调”，降 2 角叫“暴跌”。这就是在减少对大脑的负面反馈。

对风险进行分配

降低风险意识的第二种方法是分配风险，可分为两种，其中一种是让大脑感觉将风险分配给了他人。

为什么人们看到很多人排队购买其产品，就会有参与的冲动？其中一个原因是，更多人的参与降低了大脑对风险的预估。对大脑来说，有人排队购买就是商品好的表现。正是这样的心理才使很多人在看到别人在买、在用、在吃时就产生积极行为。因为他人的参与将潜在的风险分散了。

对风险进行分配的另一种方式是化整为零，就是将有风险的目标分割成几个零散的、较小的目标。这样也能降低人们的风险意识。很多不健康的食物对人有巨大的吸引力，敏感的商家意识到这一点就会尽量把产品做“轻”。在将产品做“轻”后，人们消费时的负面反馈也就少了。

前面我们说过小瓶的可口可乐销量增长的现象，之所以如此，还有另外一个原因，即小瓶降低了大脑的风险意识，大脑会认为喝小瓶可乐不会对身体造成危害。生活中的这种风险分配现象层出不穷。为了避免喝酒带来的风险，选择酒精含量低的酒。这就是通过化整为零分散人们的风险意识。

隐蔽风险

风险很多时候是与具体事物关联在一起的，比如纸币。当我们用纸币付款的时候，这一行为会唤醒大脑的风险意识，会让人们变得保守。如果在花钱时把与风险关联的纸币隐藏起来，就会避免花钱的行为唤醒风险意识。

人们不愿意花钱，经济增长就会出现问题。所以，要想使经济增长，刺激消费是重要的手段。经济的快速发展，与人们的消费观念和消费方式的改变密不可分。这其中潜移默化的改变就是花钱的风险意识的改变——人们花钱时的风险意识变弱了。

先将花钱的风险意识隐蔽的是信用卡。信用卡的出现将现金变成了一张卡片。去现金化，这是隐蔽花钱风险的第一步。人们只要轻轻一划，钱就没有了，省了掏钱包、数钱、找钱这些烦琐的过程。隐蔽接触钱的过程，人们花钱的风险意识就会大大削弱，结果就是不知不觉中钱就花掉了。另外，信用卡的透支模式，让大脑感觉自己暂时不用出钱，这进一步隐蔽了花钱的风险。

现如今有了移动支付，花钱的过程就更加简单了，只要用手机轻轻扫一下，钱就没有了。既不见钱，也不见卡，花钱的过程更加让人没有感觉了。有的平台还推出了秒付，连密码都省了，只要扫二维码，支付就成功了。这些方式都让花钱变得简单、方便、轻松了。这一系列的操作从表面来看是在为人们提供便利，本质上是在一步步隐蔽花钱的风险，避免带给大脑负面的反馈。

玩游戏时购买装备和皮肤是需要充值的，但是充值后的真金白银会转化成积分和游戏币，这也是在隐蔽失去金钱的风险。结果很多玩家不知不觉花光了充值的费用。

对大脑来说接受新鲜事物有风险。比如新的认知、新的产品，都会激活大脑的风险意识。大脑不允许我们轻易接受新的信息和产品，所以很多的商家就想方设法把产品的信息隐藏在大脑容易接受的模式里，从而不知不觉地将其植入人们的大脑。抖音上有很多讲大道理的段子，流量都很高。比如孩子必须知道的十个防身术；财富自由的方法等。这些正面的信息对大脑来说是避免风险的法宝。大脑很容易接受这样的内容。有些商家就盯上了这样的内容，将自己的产品信息隐藏在这样的内容中，让人们在不知不觉中认识和接受自己的产品。

商家这样操作的确能在得到流量的同时，提升人们对产品的认知。这就是一种隐蔽的传播方式。隐蔽风险就是在降低大脑对风险的感知，在不知不觉中驱动人们的积极行为。

创造后悔的机会

降低风险意识还有一种方式，就是给人们后悔和反悔的机会。这会让大脑感觉自己可以随时终止行为，回到原点，不会有任何损失和风险。

人们之所以会沉迷游戏，一个最重要的因素就是游戏的后悔机制。游戏中有多次后悔、重来的机会。这种机制让大脑忽视了失败的风险，即便失败了也可以再来一次。游戏消除了大脑的后顾之忧，驱动着人们持续的积极行为。

在线购物的消费机制更多是营销驱动的，没有有效的营销机制，平台就没有活力。而营销的核心机制就是让利。这样的营销机制，为平台制造了一个问题——用户担心在平台购买了产品后，产品突然降价了。商家为了消除这种心理顾虑，推出了7~30天报价机制，在规定时间内，如果用户买贵了系统会自动将差价还给用户。这也是变相给用户提供后悔的机会。这样的措施会大大降低购物的风险，从而驱动用户积极地购物。平台推出的"7天无理由退换货"，以及"仅退款"政策，都是在为用户创造后悔的机会，从而降低用户的风险意识，让用户尽情买，放心买，大胆买。

很多年前，我要去见一个朋友，知道这个朋友很喜欢喝酒，我便决定在社区的一个烟酒超市买两瓶酒。我非常担心买到的是假酒，就对老板说："如果酒有问题就给您拿过来。"老板说："没问题，酒有任何问题您都可以给我拿过来。我在酒上贴一个我们店的防伪商标，只要贴着这个防伪标，您随时给我拿过来，我给您退款。"这让我瞬间感觉很安心。其实我不喝酒也不懂酒，这样说就是为了求个安心。老板能这样承诺，我便放心了。从那以后，我会经常到他的店里买烟酒。因为他知道顾客有什么顾虑，会积极主动地为顾客消除顾虑，而不是对顾客的顾虑视而不见。

将重要转化为无价值

我们很担心付出没有回报，为了避免付出代价，往往会对目标望而却步。因为人们过于看重自己要付出的东西。这时我们就要对人们付出的东西进行转化，将其转化为不重要的东西，从而避免激发大脑的负面反馈。

如果人们看重的是付出时间的代价，就要对时间进行转化，将做事情花的时间转化成无效时间，比如你每天少玩手机一个小时，就把这件事情做了。将做这件事情要花的时间转化成玩手机的时间，大脑就会认为做这件事情要投入的时间成本并不大。

3. 将风险转化为价值的4种方法

很多时候风险是不可避免的。风险管理的最高境界就是风险转化。我们在前面说过，多巴胺通过试错和纠错将失败和失误转化成对实现目标有利的因素和条件，才使得人们在面对挫败和不如意时继续前行。所以，为潜在的风险和已经产生的失败和失误赋予正面价值就是驱动我们持续行为的重要手段。接下来我和大家分享4种风险转化的方法。

将失败转化为成功

转化风险的第一种方式是将失败转化为成功。

很多的儿童学习软件都有这样的设置，如果孩子没有答对，系统马上给出暗示性的提示，告诉孩子错在哪里，应该怎么做，等等。这会给孩子制造一种这次尝试发现了成功的方法的感觉。这就是在利用多巴胺语言“就差一点”，把失误包装成发现成功的方法。有些家长也很善于利用这种多巴胺语言来鼓励孩子。比如孩子考试成绩并不理想，考了67分，家长为了不让孩子有挫败的感觉，便鼓励孩子：“离90分只差20分了。”这就是采用多巴胺语言将失误包装成差一点就成功。这种方式可以驱动孩子积极地努力。

面对失恋的朋友，我们会安慰他“虽然你失去了一棵树，但你得到了一片森林；从此你自由了，把幸福掌握在了自己的手里。”这是将失恋包装成得到，驱动人们的积极行为。

将负面不如意的状态转化为正面的价值，这是一种非常重要的能力。你是否发现最近一段时间媒体上出现了很多热词，称穷人为待富人群；称看好的股票为待涨……其实，人们创造出这些词的用意就是为了将不如意的、挫败的现状转化为积极正面的状态，继续积极乐观地前行。

将建议包装成认同

人们很害怕得到他人的否定，即便是提建议，人们也会认为这是一种对自我的否定。如果存在自我被否定的风险，就会抑制大脑的积极行为。

三明治效应将对他人的建议和批评夹在两个表扬之中，从而使人们更加愉快地接受建议和批评。三明治效应的第一层是认同、赏识、肯定他人的优点和正面的部分。中间的第二层夹着建议、批评。第三层是鼓励、希望、期望。三明治效应通过赞同和鼓励减少了批评和建议对风险意识的唤醒。比如你不认同设计师的设计方案，如果直接建议对方修改，恐怕会激发他的抗拒心理。如果采用三明治效应就能让设计师积极地修改方案。你可以说："这个设计很有个性（这是第一层，认同），但是这个颜色搭配不像是年轻人喜欢的（这是第二层，建议）。如果能把这个颜色调整一下，那就完美了，很多年轻人就会很喜欢（这是第三层，鼓励和希望）。”这样一来，建议就淹没在肯定和鼓励中，不至于伤害到设计师的自尊心和积极性。这其实就是在采用“就差一点，就完美了”的多巴胺语言来激发他人的积极行为。这其中既有对当前行为的认同和肯定，也有实现目标的具体路径。

三明治效应是有效塑造他人行为的一种方式，它可以让我们更加高效地完成任务。当我们去深究每个积极行为背后的深层驱动模式时，我们会发现那些模式都符合多巴胺语言的驱动模式。所以，当我们真正掌握多巴胺语言后，就掌握了塑造他人和自我的能力。

将投入包装成投资

我们在实现目标的过程中，会面临持续无回报的投入。如果没有一种能够持续驱动人们投入的多巴胺语言，我们就无法坚持下去。特别是在商业社会，消费是常态，要想让人们持续为一个看不到回报的目标积极地投入，最常用的方式就是将无回报的投入包装成投资。

保健品销售人员会告诉那些买保健品的大爷、大妈买保健品是在投资健康。那些卖保险的销售人员会告诉顾客买保险是在投资未来。很多人家里本来没什么钱，为孩子报各种培训班时却毫不手软。这种消费行为，不再是在单纯培养孩子的爱好，而是赋予了它更大的价值——在投资孩子的未来。当大脑将无回报的投入转化成投资时，大脑对花钱的风险意识就会减少。

当把无回报的投入包装成投资时，无回报的投入行为就实现了超越，将回报指向更远的未来。这就给了多巴胺强化目标的机会，大脑会把未来的回报想象成“既美好又可能”。目标不兑现，我们就会认为美好的可能一直存在。

投资行为对人们的自我有强化功能，如果我们把消费行为定义成投资行为，意味着我们更会经营、更有眼光、更会以小博大、更会用杠杆……投资行为会让我们感觉自己是“大玩家”，这种感觉会让人们的自我得到超越。

将风险转化为挑战

当大脑聚焦风险时会放大风险带来的破坏性，这会抑制人们的积极行为。我们只要转移大脑的焦点和注意力，大脑的风险意识就会消除。

如果你在捕鼠陷阱的入口处什么东西都不放，老鼠会在入口处小心翼翼地徘徊，进行各种试探，就是不肯进洞。如果你在入口处放上障碍物，老鼠需要把障碍物移走才能进入洞里。那么，老鼠的注意力就会转移到障碍物上。它会不顾一切地把障碍物移走。结果它在移障碍物时，自己掉入了陷阱里。抖音上有些视频就记录了这样的捕鼠过程。这就是将大脑对风险的聚焦转移到了障碍物上，将风险转化成了挑战，挑战激发了老鼠的积极行为。

很多攀岩爱好者之所以沉迷于挑战各种高难度的悬崖绝壁，是因为他们将风险转化成了挑战。他们内心认定爬上悬崖绝壁是对自我的一种挑战，他们将攀岩当成了自我超越的渠道。我们说过不同的人的自我强化模式存在差异。这要看你在什么目标中能找到自我强化的感觉。一旦攀岩成为超越自我的渠道，那么风险就会转化为挑战，人们就会享受风险，在风险中寻求刺激。

价值和风险都是聚焦的结果。我们要学会的是，将大脑对风险的聚焦转化为对价值的聚焦。很多人没有行动力是因为他们习惯关注负面的信息，放大了潜在的风险。

第八章

持续唤醒多巴胺的第六种模式：能力匹配管理

1. 不匹配是抑制行为的第二个因素

要想让大脑产生持续的驱动力，不仅要降低风险，还要避免人们与目标互动时能力不匹配。因为能力不匹配会唤醒人们的负面感受，从而抑制人们的积极行为。抑制积极行为的第二个因素是能力不匹配。一旦大脑意识到自己的能力与目标的实现存在能力不匹配的问题，就会有一种力不从心的失控感和挫败感，这会让大脑对任务失去兴趣。

孩子沉迷游戏最主要的原因是游戏可以高度匹配人们的能力。只要不饿、不困、不累，孩子就可以尽情地玩。一旦打破这种匹配，大脑就会对其失去兴趣。比如你要求孩子，今天必须玩够 4 个小时；必须通关才能下线。这些标准破坏了孩子玩游戏时的匹配原则。当孩子玩到 3 个小时感觉累、想要休息却不能休息时，会对游戏产生负面情绪。本来好玩的事情就变得不好玩了。如果目标不能与人们的各种能力相匹配，就会抑制人们的积极行为。

能力匹配让人脑与目标的互动无阻碍，减少了人脑的负面感受，提升了互动的丝滑感和流畅性。这样大脑才会沉浸在互动中，享受互动过程。

2. 匹配上，人们才会喜欢

人们的能力包括消费能力、认知能力、行动能力、心理承受能力等。目标与这些能力相匹配，才会触发持续的积极行为。接下来我们就来看看如何与这些能力相匹配。

身体状态的匹配

有个同事有一双新鞋不想要了，想要转卖给别人，于是就在微信群里发了一张鞋的照片，问大家谁想要。群友们发来各种咨询信息，“多大号？”“男士的还是女士的”“软的还是硬的”，等等。你会发现这些信息都是与身体状态相匹配的信息。人们要想接受一个新鲜事物，首先要实现的就是身体状态的匹配。这是最基本的匹配。

我们的身体存在各种局限，目标要与我们的身体状态相匹配，才能驱动人们的积极行为。

你认为自由跑和踩点跑哪一种更轻松？当然是自由跑。因为自由跑能更好地匹配身体状态。踩点跑，如果踩的点与身体状态不匹配，人就会感到不适。有些社区为了给居民提供便利，会在草坪上铺一条石板路。可是你发现，即便铺了石板路，人们也不会走，而是会在石板路的旁边踩出一条新路。这是为什么呢？答案就是石板之间的间距与人们的步伐不匹配，导致人在上面行走不便。

在互动中我们首先要解决的是，因身体状态而产生的负面感受，而消除身体的负面感受的重要方式就是让目标与身体状态相匹配。

行动能力的匹配

我们与外在的互动是模式化的，行为有行为模式，语言有语言模式，思维有思维模式。多巴胺塑造行为的目标就是将其模式化。如果人与目标的互动不符合行为模式，也会抑制大脑的积极行为。

博主与粉丝的互动模式也是匹配的结果。我们调查发现，有些博主的粉丝数量高达两百万，但是他们的带货能力并不强，即便挂了小黄车也卖不出几件货。但是他们所发内容的点赞、转发、评论数都很多。而有些博主的粉丝数量只有十几万，但是他们的带货能力却很强。这是因为他们与粉丝的互动模式不同。带货能力强的博主一直在带货，粉丝与博主互动的行为模式就是买东西。而那些带货能力差的博主，他们更多的是在分享内容，偶尔带货，粉丝与这种博主互动的行为模式就是看内容，没有形成购买习惯。每个博主与粉丝的互动都是在塑造行为模式。

我们都会刷抖音，当你用别人的手机刷抖音，你会发现别人的抖音与自己的抖音存在很大的差异，似乎是两个版本。这就是系统高度与人们的行为匹配的结果。你的停留时长、点赞、转发、评论等都是有模式的，系统时刻在捕捉你的行为习惯和模式，然后与这些行为模式匹配。

围绕人开发的人工智能技术的核心功能就是匹配人的行为，匹配才能使两者建立深层连接。所以，人与系统互动是为了获取用户个性化的行为模式，让系统高效地与人们的行为模式匹配。

技能水平的匹配

能力匹配是我们学习一项技能的关键。比如教孩子学游泳，先让孩子在岸上学习动作，然后下水克服对水的恐惧，再开始在水中练习标准动作……整个过程都是循序渐进的，而不是一上来就下水。这样练习就是为了让大脑与孩子掌握的技能进行匹配。无论我们学什么都需要遵循这样的匹配原则，不然大脑就会抑制我们的积极行为。

玩家刚开始玩一款游戏时，系统会自动为玩家匹配较低的难度。如果是多人游戏，系统还会为玩家匹配同一水平的玩家。游戏系统始终在为用户进行匹配，它会根据玩家掌握的技能由简到繁、由易到难来给玩家匹配。这样做是为了不让玩家产生挫败感，从而提升玩家的掌控感和驾驭感。当一个玩家通过这种匹配原则玩了几局后，就会出现一个问题，那就是玩家感觉游戏太简单，对游戏失去挑战兴趣。这时系统为了激发你的挑战欲望，会给玩家匹配更高级别的难度，这样就会再度激起玩家的斗志。匹配原则的核心是驱动人们的积极行为，当我们在设计互动模式的时候，一定要娴熟地掌握技能匹配原则。

认知能力的匹配

很多家长问我，孩子不喜欢学习，该怎么办？首先我们要知道，孩子们为什么不喜欢学习。这其中很重要的一个原因是学习的内容不能主动匹配孩子的能力，学习的内容是既定的。家长和老师一定要深刻认识到这一点。孩子一旦在某一环节跟不上，就会很容易追不上老师的进度。结果就是孩子不会的知识越来越多，孩子就会对学习越来越没有兴趣，甚至厌恶学习。

而课前预习，始终关注孩子在学习中存在的薄弱环节，让孩子与所学内容保持认知上的匹配是避免孩子厌学的重要方式。

认知匹配是提升我们与他人互动效率的关键。你不要轻易和那些认知能力和你不在一个层次的人分享你的“高见”。一方面是因为这是无效沟通，另一个方面是因为他会认为你“不靠谱”。认知匹配是沟通的前提，也是相互吸引的条件。

消费能力的匹配

在商业社会，消费是人的常态。所以，在触发人们的消费行为时，我们先要评估的是人们的消费能力。有些房地产公司会在售楼处安装人脸识别系统，目的就是识别人们的消费能力。面对一个没有消费能力的顾客，把产品夸得天花乱坠也没有用。所以，当一个顾客说“不要”的时候，你一定要意识到顾客可能是没有消费能力。

前段时间有关“人们对换手机壳上瘾”的话题冲上热搜。前面我们说过，更换新手机给人们一种“生活变得美好”的进步感和蜕变感。当人们换不起新手机的时候，大脑会感受到挫败感和局限感。在这种状态下，人们会通过消费降级——换手机壳或者买手机配套产品来匹配自己的消费能力，因为大脑要的是新鲜感。换手机壳能带给我们新鲜感。这就是人们通过与自己的消费能力进行匹配，来对自我进行强化的表现。

3. 自主匹配才能搞定一切

实现目标的过程是我们发挥自主能动性，积极主动与目标进行匹配的过程。自主与目标匹配是一种能力，不具备这种能力，就等于没有实现目标的能力。接下来我们看看主动与目标匹配的三个方法。

先做到心理实现

匹配是从心理开始的，面对目标我们首先要在心里面认为“我能、我行、我可以、我会、我能做到……”。这种积极正面的自我评估是我们与目标进行心理匹配的结果，是在心理上先实现目标。模特在接受培训的时候，教练总是告诉他们，要把自己想象成女王，是全场的主角。这样一来模特的自信和气场就会被激发出来，走起台步来就会自信满满。这就是先在心理上实现目标。

心理学里有个专业名词叫自我效能，是指个人对自身完成某项工作和目标的能力的主观判断。我们对完成某项任务的心理评估会影响个人完成任务的积极性。这就好比让一个人搬一个 100 斤重的箱子。面对这项任务，这个人会对自己能不能搬起这个箱子进行自我评估，感觉自己能搬动就会积极地尝试，而感觉自己搬不动就会放弃尝试。这就是自我效能对人行为的影响。这个评估的过程就是大脑根据自身的各种条件与目标进行匹配的过程。很多时候，我们所做的事情没有未来、没有发展就是因为还没开始做就放弃了。我们要想实现一个目标，就要先从心理上战胜这个目标，要相信自己能实现这个目标。

我一直在强调，我们一定要相信自己。这是因为当你不相信自己的时候，大脑会变得迟钝。意大利帕多瓦大学的一些心理学家曾经做过一个实验。他们将被试分为两组，来阅读一段文字，其中一组被试阅读了关于人有自由意志的文字，另一组被试阅读了关于人没有自由意志的文字。接下来，被试需要在电脑屏幕上出现闪烁光标时按下鼠标键。研究者发现，那些阅读了人没有自由意志内容的被试，行动似乎更难控制。而阅读了人有自由意志内容的被试，行动的自主性更强。也就是说，如果你相信自己能做到某事就能触发大脑的积极行为，如果你认为自己做不到某事就会抑制大脑的积极行为，进而大脑变得迟钝、没有行动力。所以，实现目标是从相信自己开始的。而是否相信自己能做到，是多巴胺对目标进行渲染的结果。在心理实现的过程中，多巴胺发挥着重要的作用。

第一种心理实现的多巴胺语言是“既美好又可能”。通过想象实现目标的美好，让大脑真实感受到目标给自己带来的美好可能，这种美好可能越真实越有效。决定大脑构建的美好可能是否真实的是“情景”因素。大脑围绕目标构建的情景越生动、越形象、越具体、越真实，大脑就越会相信美好可能的存在。这个情景要具体到某个人、某个场景，情景越生动形象，大脑就越渴望。这个情景是多巴胺“添油加醋”渲染的。多巴胺就是要让你感觉这种可能真实存在，让你先从心理上实现和得到。

第二种心理实现的多巴胺语言是“只要怎样，就会怎样”。比如，只要博主做带货视频就能卖出很多货物，只要稍加修改视频就能使其成为爆款。我们始终要给大脑一个清晰的路径，让大脑感觉实现目标的路径很清晰。这样的路径会让大脑中充斥着多巴胺，只有如此，我们才能产生积极的行为。

自主匹配是指先在心理上让大脑与目标匹配。心理匹配伴随着实现目标的全过程，并不只是在大脑锁定目标的时候出现。因为在实现目标的过程中总是会出现挫败。遭遇挫败时，我们还需要不断地采用“更进一步，再来一次；就差一点，再来一次”等多巴胺语言驱动人们持续的积极行为。心理实现就像一个引擎在不断地向大脑输送动力，让我们对目标充满渴望。

再从力所能及做起

心理实现只是开始，要想让大脑持续地为目标行动，就要发挥自我的能动性，从自己力所能及的事情做起。什么是力所能及呢？就是专注于你应该做和当下能做的事情，积极主动地与目标匹配，而不是被动地等目标来与自己的能力匹配。

有一个在国企工作的读者跟我说他工作 3 年了，一直没有找到做事的感觉，总是笨手笨脚的，经常被主管唠叨，也没有得到公司的提拔。他说，自己很喜欢搞音乐，搞音乐时总是信心满满，也很投入。他认为自己工作不出色，是因为所做的不是自己力所能及的事情。他在考虑要不要去搞音乐。

你也许认同他的观点，认为他在做的事情不是自己力所能及的，他选错了行业，他应该去做自己擅长的事情。这是我们对力所能及的认识误区——做自己擅长的事情就算力所能及。

我们要认识到，力所能及并不仅是做自己感兴趣的事情，或者自认为擅长的事情。任何你擅长的和喜欢做的事情，都是因为做到了力所能及的程度，才喜欢上的。就好比这位读者之所以对音乐感兴趣，是因为他在面对音乐时做到了力所能及。在不断地努力和重复行为中，他的能力才显现出来，他才有了进步。我们要做到力所能及就先要做到用重复行为拥抱目标。如果没有这种努力的过程，我们根本不会知道自己能做什么，喜欢做什么。即便我们在某方面具有天赋，我们也发现不了。

力所能及是指我们在自己的能力范围内，采取积极的行动与目标进行匹配。

教育的最高境界并不是让孩子发现自己的兴趣，而是教会孩子对事物产生兴趣的方法，也就是培养孩子的自主学习能力，让孩子主动去匹配学习内容。这是最重要的学习方法。

自主匹配学习的内容是真正使人能够快速提升和不断提升的唯一途径。

然后自主推进

自主匹配的第三个方法就是自主推进。自主推进是让人们的自主行为成为推进事态发展的重要动力。这样的话我们就可以最大化地调动人们的积极性，也能确保人们与目标保持高度匹配。

如今用户在注册一些 APP 时，总是需要填写一系列的内容。很多 APP 直接把要填写的内容全部显示在页面上，比如把 1~30 条填写项全部呈现在用户的面前。用户看到有这么多信息需要填写，就会产生放弃的念头。这样的设置带给用户的体验非常差。

有些 APP 就带给用户非常好的体验。用户注册时，一开始页面只显示 3 条要填写的内容，比如姓名、邮箱、手机号。这让用户感觉注册起来既简单又容易，消除了用户的心理压力。但是，当用户填写完第 3 条内容的时候，第 4 条内容便自动出现了，之后第 5 条内容也出现了……这样的设置既帮助用户减轻了心理压力，也让用户对下一条要填什么充满了好奇。这种自主推进的模式，让我们感觉是自己在推进事态的发展。

在运用自主推进模式时，要让大脑充分感知到自己的行为将自我推到了一个新的环节。推进模式设计得合理，可以最大化地激发人们的积极行为，也会让人们更享受实现目标的过程。

第九章

持续唤醒多巴胺的第七种模式：反馈效果管理

1. 无效反馈是抑制行为的第三个因素

抑制积极行为的第三个因素就是行为的无效反馈。行为的无反馈或者是常态化反馈就是无效反馈。有效反馈会激发人们的积极行为，而无效反馈会抑制人们的持续行为。

你可以想想，自己做了一件事情却没有效果，你会怎样，一定是不让自己继续做无用功，直接放弃这类行为。所以，反馈管理不仅要对风险和能力进行管理，还要对反馈的有效性进行管理。

有效反馈强调两个方面，一方面是将行为反馈效果化，就是将行为的反馈以直观、直接、生动、夸张、情感鲜明的方式呈现出来。效果化的行为反馈会让大脑获得超感体验，超越大脑的感知局限。行为有效果，我们就会认为自己有力量，能驾驭目标。记住，很多时候行为的结果是由行为的效果决定的——在大脑看来没有效果就没有结果。效果化的行为反馈是持续触发积极行为的重要驱动力。有效反馈强调的另一方面是正向反馈，即只奖励，不惩罚。我在《多巴胺商业》中提到过一款儿童识字 APP，让孩子运用几个偏旁部首组合成新的文字。如果组合生成正确的文字，系统就会播放突出的音效和视觉效果。如果组合失败，系统只会播放微弱的音效（见图 9–1）。这就是放大正向反馈，对正向反馈效果化，减少负面反馈。

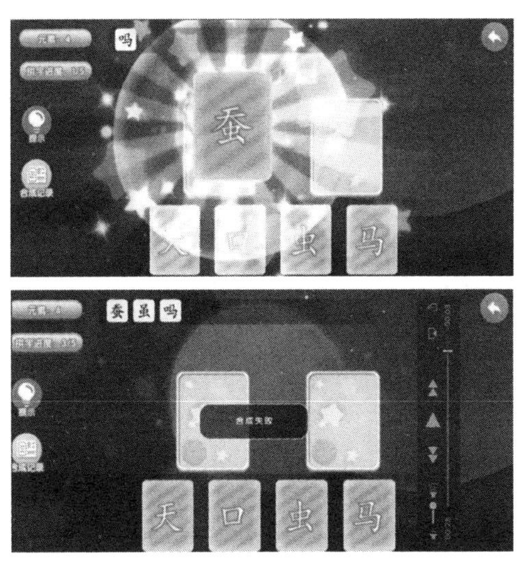

图 9–1　儿童识字 APP

这也是为什么很多平台只有“赞”的按钮，而没有“衰”的按钮的原因。因为“衰”会抑制用户的积极行为。平台要想保持一个良好的生态就要多鼓励正向的反馈，避免负面反馈。正向反馈是维护家庭、社群和社会良性发展的重要手段。

大脑互动的过程中，逻辑的严谨性和行为的结果并不是最重要的，效果化的正向反馈才是最重要的。它给了大脑力量感、有效感、驾驭感、价值感。原因很简单，大脑的意志要自我强化，自我强化的目标是获得自我感，而不是了解事实。只要互动的过程具备了自我强化的效果，大脑就会享受这一过程，产生持续的行为。对游戏上瘾就是这个原理，虽然玩家一直没有玩过关，但是玩的过程让玩家非常享受。

2. 有效果，人们才会享受过程

效果化的正向反馈，最重要的就是让效果显化。下面我和大家分享三种让效果显化的方法。

启动超感体验

要使效果显化，先要提升大脑的感知力，让大脑获得常态下体验不到的感受，我们将其称作超感体验。我们的感知存在各种局限，超越感知局限，会让大脑感觉自我被超越，自己变强大了。

启动超感体验的第一种方式就是要将不可见、不可感知的信息变得可见、可感知。

健身手表便是启动了超感体验的一种产品，它可以让大脑了解运动时消耗了多少热量、燃烧了多少脂肪、心跳多少、血压多少等，这些信息靠我们自身是无法获得的。还有人们常用的体脂称，人们一称就会知道自己的脂肪率、肌肉率、内脏脂肪指数、基础代谢指数、水分、骨量等身体信息。这些显化的效果让大脑的感知力得到了提升，让大脑获得了满满的掌控感和驾驭感。

启动超感体验的第二种方式是多感显化，就是将原本单一的感官刺激以不同的感官刺激呈现出来。比如，将声音显化为视觉或者将视觉显化为声音。有人把这种超感体验的技术运用在弹钢琴上。人们按键的时候钢琴上会显示一个跳动的小人，按到哪个键它就跳到那里。这就是将声音视觉化了，从而大大提升了初学者的体验，也增强了他们练琴的积极性。还有人将音乐视觉化为短视频，这些短视频中的画面会随着音乐的节奏而变化。

这不但给了大脑听觉刺激，也给了大脑视觉刺激，让大脑在听到音乐的同时也看到了音乐。这就是一种对感官刺激的超越。有一些键盘就采用了这种多感显化的技术设计（见图 9-2）。当人们按键的时候，按键灯会闪亮，而且不同按键的声音也不一样。这就是在对触觉进行视觉化和听觉化设计，进而激发我们在打字时的积极情绪。我们要记住，每出现一种感官刺激，大脑的刺激就多了一个层次。在未来，我们可以开发出可以听的咖啡、可以闻的画面……

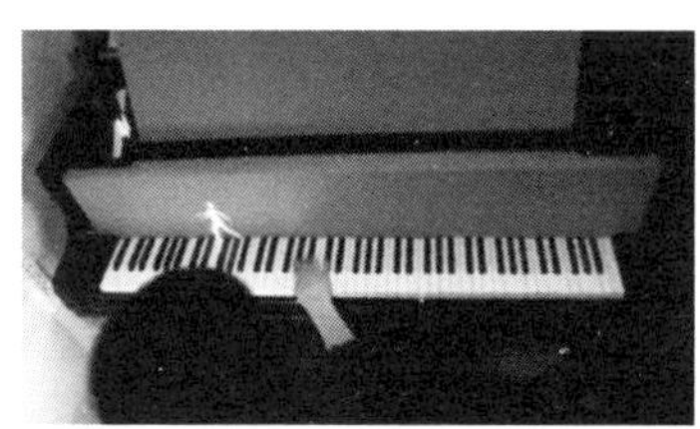

图 9-2　视觉化设计

很多事物的发展过程是隐秘的、无法被感知的。启动超感体验的第三种方式是显化对隐秘过程的感知。国外的一个比萨店推出了一种互动点餐桌，餐桌是一个可触摸点餐的屏幕（见图 9-3）。顾客可以设计比萨的大小，还可以根据自己的喜好设计口味，食材和配料的量都可以根据自己的喜好来添加。顾客通过亲手在屏幕上操作来制作比萨。设计完成后，一键下单，系统就可以根据顾客的设计制作比萨了。顾客吃到的比萨就是自己亲手制作的比萨。这种技术一方面满足了顾客的个性化需求，另一方面让制作比萨的过程显化了。

图 9-3　比萨制造模拟餐桌

启动超感体验的第四种方式是超越不可知。人只能活在当下，对未来的感知是存在局限的。随着科技的发展，很多技术可以为我们模拟未来。国外有一个口红品牌就采用了虚实结合的模拟技术。用户可以在线选择口红，甚至可以根据自己的肤色、衣着、使用场合等来搭配口红。系统会根据用户的要求来呈现使用口红后的效果。用户可以根据系统的模拟效果来选择适合自己的口红。这种技术完全超越了只有涂在嘴唇上才能看到效果的局限。它让用户超越了时空的局限，大大丰富了用户与品牌的互动。

行车导航、热成像仪等技术都是在超越人们的感知局限，提升人们的感知力。随着人工智能科技的发展，很多技术可以提升大脑对世界的感知，这其中有巨大的商业机会。

提升感官刺激

我们能否激发大脑的积极行为，就要看行为的反馈。行为的反馈越鲜明、越强烈就越会激发大脑的积极行为。如果行为没有反馈，或者反馈微弱，那么大脑就会认为自己的行为没有效果，这会抑制大脑的积极行为。显化行为的效果可以提升大脑的掌控感、驾驭感、力量感，这是一种对自我的强化。显化行为的效果是强化行为的重要的方式。

显化行为的效果的核心方式就是增强感官刺激，让感官刺激高于一般水平。比如提高音量来刺激听觉；采用炫丽的颜色来刺激视觉；用高盐、高糖、高油来刺激味觉和嗅觉，等等。前面我们说到的多感交叉也是增强感官刺激的重要方式。

游戏把显化行为的效果发挥到了极致。玩家用刀砍了一个怪兽，怪兽会皮开肉绽、血液四溅，同时伴随着灰飞烟灭的效果。这就是在夸大玩家行为的效果，增强感官刺激。这种效果化的行为反馈大大提升了玩家的自我力量感、操控感、兴奋感。感官刺激是对大脑最直接的奖赏。

有一次，我让公司的同事品尝一款牛肉酱，我在旁边观察他们的反应。我发现在加入了牛肉酱之后，大家比平时吃面的时候，搅拌面的时间更长。你知道这是为什么吗？因为牛肉酱中放的酱油不够多，这就导致不管他们怎么搅拌面，面的颜色都不变，这会让大脑认为自己还没有搅拌均匀，所以搅拌面的时间会更长。不仅如此，行为没效果也会降低大脑对牛肉酱的期待。这就是烹饪追求色、香、味俱全的原因。因为颜色可以带给大脑感官刺激，增加食欲。我在《带感》中深入地阐述过味觉、视觉、嗅觉、听觉、触觉是如何互相影响，从而影响我们对食物的感受的。

对大脑来说行为没有直观的效果，就会大大降低大脑对食物和产品效果的期待。有的小朋友很喜欢泡腾片，因为当他将泡腾片扔进水里的时候，水中会瞬间产生很多气泡。泡腾片也会对口腔产生强烈的刺激。气泡和对口腔的刺激都是直观、可感知、可见的行为反馈效果。这种感官上的刺激让大脑感觉泡腾片很特别。这就是通过提升感官刺激来驱动人们的重复行为。

其实，洗发水的泡沫是没有必要的，吸尘器的噪声是可以去除的……生活中那些理所当然的事情，很多都是为了让人们的行为有效果，以此提升大脑对事物的驾驭感和操控感。关于如何将人们的行为效果显化，我在《带感》中进行过系统的阐述，感兴趣的读者可以延伸阅读。

反馈要及时

对人们的行为进行及时的反馈，是将行为效果化的一种方式。因为有效果的行为反馈往往是及时的。行为伴随着反馈，这样大脑就会认为是行为产生了效果。

很多平台都有用户在线问答工具，但是这些工具的使用率并不高。其中一个原因就是反馈不及时。用户反馈了一个问题，等好久都没有人回复。要想让工具的使用率提高，就要做到及时反馈。因此抖音把商家是否能够及时解答用户的问题作为店铺评分的重要依据，这决定了用户对平台的体验。

不能及时反馈，有时候比负面反馈的破坏性还要大。大脑不是不能面对负面反馈，而是不能面对不及时的反馈。如果我们的行为错了，我们可以通过复盘和试错来改正。但是没有反馈会让我们没有前行的方向和动力，陷入焦虑的状态。

蔡崇信在一次采访中曾经说过："做一个好的老板，友善并不是最关键的，因为你对一个人太好，你会误导他。我认为做一个好的老板的核心是，你能给员工及时的反馈。反馈不应该是季度评估，或者年度评估，反馈必须是及时的。人们需要知道他们的行为是否有偏差，或者他们是否全力以赴……"这其中，最重要的环节就是及时反馈，及时反馈是有效塑造他人行为的重要方式。在大脑动态追踪目标的过程中，多巴胺会强化那些有利于实现目标的行为，减少对实现目标不利的行为。如果不能对他人的行为进行及时反馈，大脑就不知道该强化哪些行为，该避免哪些行为。及时反馈是一种重要的管理能力，它是员工能力是否有效发挥和利用的重要因素。记住一点，及时反馈比结果更重要，因为大脑需要及时反馈来调整行为。

3. 始终让人们自我感觉良好

效果化正向反馈的终极目标是让人们自我感觉良好。自我感觉良好可以让人们的自我持续得到强化。我们从两个角度来看一下如何让人们持续自我感觉良好。

多巴胺气质

当一个人能够始终让自我感觉良好时，那么他就具备了多巴胺气质。多巴胺气质是不管遇到什么问题，我们都能积极主动地给予大脑积极正面的反馈。一个人要想有所成就，必须有能力始终给大脑积极正面的反馈。这样可以减少内耗，让我们的生活和工作始终处于高效和快乐的状态。正向反馈是终结内耗的重要能力。

我们对多巴胺的调节不仅仅是认识、思维、感觉上的，更多是行为上的。当我们情绪低落或者工作无头绪的时候，可以通过一些积极的行为来对多巴胺进行调节，比如逛街、看电影、吃美食……哪怕是有意识地给自己冲泡一杯咖啡，走到窗前看看窗外的景色，找朋友闲聊一下，都对大脑中的多巴胺有调节作用。

我们要深刻地认识到两点。一是，我们要认识到，当下我们的负面情绪，与大脑中的生物机制紧密相关，而不是与事实紧密相关。这时我们要有意识地调节大脑中的多巴胺，让它活跃起来。这样一来，本来毫无头绪的事情，马上就会有头绪。唤醒多巴胺，是我们停止内耗的方式。当我们把多巴胺唤醒时，那些美好的可能自然而然会出现。二是，我们要认识到，在进行自我对话的时候，给大脑输入什么信息，它就回馈什么结果。我们的内耗更多是在无意识地给大脑输入消极的信息。消极的信息会抑制多巴胺的水平，让我们看不到可能，让我们没有行动力。

如果我们具备了多巴胺气质，就会发现大脑更加享受做事的过程，更愿意沉浸在过程中。不管做什么，只有当我们开始享受过程，才会变得越来越强。不享受过程，人会处于一种患得患失的内耗中。我们一定学会做大脑的主人，而不是被大脑绑架。记住，能够高效地驾驭自己的多巴胺，我们才会感觉良好。

多巴胺氛围

多巴胺氛围就是人们可以持续获得正面反馈的氛围。这种氛围能够持续让人们自我感觉良好，让人们看到更多可能，推动人们做出更多的积极行为。

我很喜欢一家超市，不仅仅是喜欢店里的环境，更喜欢店员提供的服务。这家超市真正做到了处处为顾客着想，货架上的水果都是精挑细选的，都用盒子装好整整齐齐地摆在货架上，省去了顾客挑选水果的烦琐过程。

这一点，胖东来做得也非常好。胖东来会把海鲜的水沥干再卖给顾客。我记得网上有人发过胖东来的一个提示语："今天没有韭菜，因为今天的韭菜农药检测不合格。"胖东来把为顾客着想做到了极致。这也是为什么有那么多人千里迢迢跑到许昌的胖东来消费和打卡的原因。

良好服务氛围的形成是服务意识贯彻的结果。我喜欢的那家超市为了提升服务效率，店内的服务员比普通超市多两三倍。你需要服务员的时候，一抬头会发现他就在你的身边。在店里，所有的服务员只要与顾客的目光有交汇，他们都会微笑着点头，向顾客问好，不会有丝毫的回避。所有的服务员时刻准备着为顾客提供服务。服务员始终把“有什么需要帮忙的；这个要不要帮您切一下、包一下；您需要找什么产品……”挂在嘴边。他们为顾客营造了一种愉悦舒心的购物环境。在这样的环境中，顾客可以时刻获得正向反馈，让自我感觉良好。

我在培训课堂上常问学员：“商家为顾客提供极致的服务，是在打造商家的形象还是塑造顾客的行为？”其实，不以塑造顾客的积极行为为前提的理念、服务、形象、营销都是没有意义的。人们消费的目的是什么？是为了自我强化，是为了感受自我是一种重要、美好、与众不同的存在。当你能给人们这样的感觉时，人们才愿意消费。

购物平台的目标就是打造多巴胺生态。多巴胺生态可以让平台超越商品本身的价值，创造平台的价值。多巴胺生态让人们更享受过程而不是结果。多巴胺生态让人们迷恋身在其中的美好体验，它成了人们感受美好自我的渠道。

不管是打造社群、APP，还是品牌，只有一个目标，就是让它成为人们感受美好自我的渠道。